你听过流星的声音吗

HAVE YOU HEARD THE SOUND OF METEOR

《读者》（校园版）青春精选集

科普卷

《读者》（校园版）编辑部 编

读者出版传媒股份有限公司
甘肃教育出版社

图书在版编目（CIP）数据

你听过流星的声音吗 / 《读者》（校园版）编辑部编. -- 兰州 : 甘肃教育出版社, 2021.1
（《读者》（校园版）青春精选集）
ISBN 978-7-5423-4973-6

Ⅰ. ①你… Ⅱ. ①读… Ⅲ. ①自然科学－青少年读物
Ⅳ. ①N49

中国版本图书馆CIP数据核字（2020）第235209号

你听过流星的声音吗
NI TINGGUO LIUXING DE SHENGYIN MA
《读者》（校园版）编辑部 编

责任编辑 祁 莲 谢 璟
装帧设计 于沁玉

出 版 甘肃教育出版社
社 址 兰州市读者大道568号 730030
网 址 www.gseph.cn E-mail gseph@duzhe.cn
电 话 0931-8436105（编辑部） 0931-8773056（发行部）
传 真 0931-8773056
淘宝官方旗舰店 http://shop111038270.taobao.com

发 行 甘肃教育出版社 印 刷 甘肃春宇印务有限公司
开 本 720毫米×1010毫米 1/16 印 张 14.75 字 数 190千
版 次 2021年1月第1版
印 次 2021年1月第1次印刷
印 数 1-3 000
书 号 ISBN 978-7-5423-4973-6 定 价 38.00元

目录 ／ CONTENTS

你听过流星的声音吗

目录 ／ CONTENTS

把鸡改造成恐龙

最黑的东西有多黑

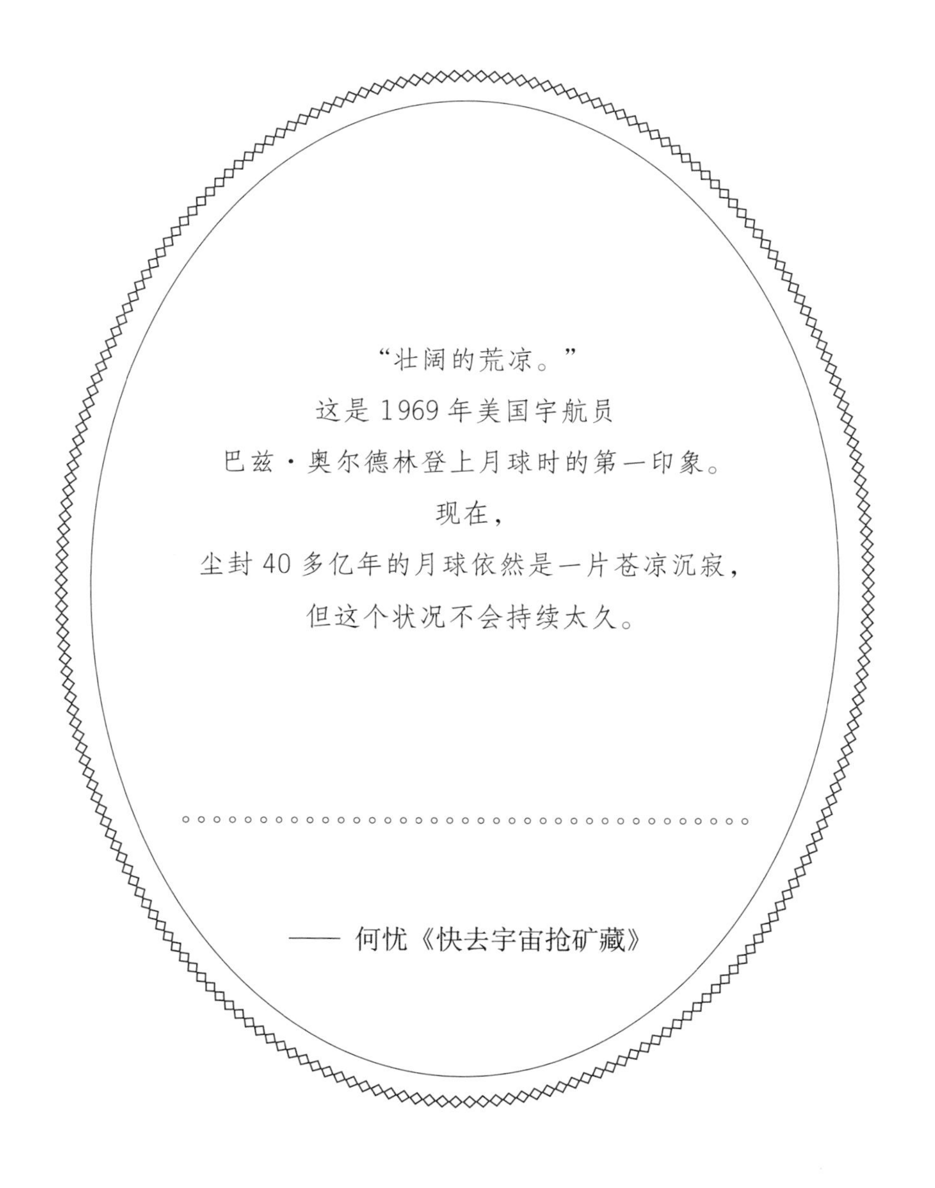

“壮阔的荒凉。”
这是1969年美国宇航员
巴兹·奥尔德林登上月球时的第一印象。
现在，
尘封40多亿年的月球依然是一片苍凉沉寂，
但这个状况不会持续太久。

—— 何忧《快去宇宙抢矿藏》

你听过
流星的声音吗

当人类的星舰驶向太阳系之外，脉冲星就成了茫茫星海中名副其实的灯塔。通过对脉冲星周期的监测，星舰可以随时掌握自身的运动速度，进而推算自己在宇宙中航行的坐标。这就是所谓的脉冲星导航。

——任志方《"天眼"看见的脉冲星到底能干啥》

有时候天文学就是这么有趣，一个很小的问题，就开启了一扇大门。黑暗的夜，背后那神秘的宇宙会让你心惊还是心动？

——李　旻《为什么晚上的天空是黑的》

来自地球的“宇宙户籍警”

文 | 蓝梓匀

通过大数据，人类可以轻松地进行户籍管理。而科学的发展远远超乎我们的想象，如今，科学家们已经开始放眼外太空，借助研发的“宇宙户籍警”，对满天星斗查起了“户口”。

星星的“户口簿”长什么样呢？中国科学院研究员以恒星为例，做出了如下解释：“天文望远镜观测屏幕上那一排排灰白相间的闪烁条纹就是恒星的光谱。光谱包含了关于恒星特性的各种信息，能够揭示恒星的运动状态、温度、质量和化学成分，类似于人们的籍贯、住址、年龄、性别、职业等户籍信息。如果说漂亮的星云图是星星的剪影，那么光谱图就是它们的证件照和户口簿。”而“宇宙户籍警”的核心任务，就是捕获各种神秘星体的“户籍信息”。

郭守敬巡天望远镜：效率最高的“宇宙户籍警”

位于河北省兴隆县的郭守敬巡天望远镜，代号 LAMOST，是目前世界上恒星“户口簿”获取率最高的“户籍警”。它的主镜由 37 块边长 1.1 米的六角形镜子拼接而成，能够主动改变镜片形状，克服由重力、温度和风力造成的镜面影响，使“户口簿”成像更加清晰。直径 1.75 米的焦面上分布着 4000 根光纤（国际上同类设备仅可容纳 640 根），其自动定位系统可以在数分钟内将光纤按星表位置精确定位，敏锐地捕捉到一些不易察觉的恒星踪迹。

迄今为止，郭守敬巡天望远镜已捕获了700余万颗恒星的“户籍信息”，比世界上所有已知的光谱巡天项目获取的数据总数还要多，构建了世界上最大的恒星“户口”数据库。同时，中国科学院国家天文台通过它的观测，还得出了快速射电暴、星团中寄生的恒星星族、太阳“超级耀斑”、活动星系核中罕见的 X 射线准周期振荡等重大发现，可谓战功赫赫。

大口径全景巡天望远镜：来势最猛的“宇宙户籍警”

大口径全景巡天望远镜屹立在智利阿塔卡马沙漠山巅，代号 LSST，拥有世界上最强大的数码相机，其分辨率高达 32 亿像素，所拍摄的任意一张星星“户籍照”都需要 1500 块高清电视屏才能展示出来。目前，美国能源部仍在完善它的各类巨型组件，届时它的相机将和一辆小型汽车差不多大，重量超过 3 吨，里边包含一个能改变过滤器的机械装置和大型快门，能够拍摄比满月大40倍的夜空区域，捕捉更多来自昏暗天体的“户籍信息”。

这位“宇宙户籍警”将每 3 天生成整个南部星空的“户籍影像”，一次性完成哈勃太空望远镜需要花 120 年才能完成的工作，帮助天文学家们追踪数以亿计的星际“逃亡者”、观看星系碰撞以及恒星的出生与死亡过程。

据科学家估算，大口径全景巡天望远镜在 10 年内已经探测了几百亿个星体，每年检测 25 万颗超新星，并将迄今为止数量最多的恒星以及观测到的星系按目录进行分类，所以称其为“来势最猛的宇宙户籍警”毫不为过。

南极亮星巡天望远镜：耐力最强的“宇宙户籍警”

南极亮星巡天望远镜守卫在“人类不可接近之极”——南极大陆的最高点冰穹 A，是史上耐力最强的“宇宙户籍警”。它体长 2.4 米，焦距长度 1867 毫米，是我国自主研发的全自动无人值守望远镜，也是目前在南极运行的最大口径光学巡天望远镜，装备着目前世界上最大的单片电荷耦合器件，可一次观测 9 个太阳大小的天区，24 小时即可覆盖整个天空。

南极亮星巡天望远镜的工作地点海拔 4091 米，年平均气温零下 56℃，平均温差高达 120℃。在这种环境下使用的光学仪器，通常会面临两大技术难点：一是当温度快速升高时，镜面会结霜；二是当温度变化大时，会产生系统的热变形，尤其是光学元件的热变形，会降低光学成像的质量。而南极亮星巡天望远镜不仅完美地攻克了技术难点，还充分利用南极大气视宁度小、透过率高和边界层低等地理优势，实现了长达数月的连续观测，成功获取了 Ia 型超新星以及 HAT-P-3b、HAT-P-12b 等银河系外行星源的“户籍信息”，为科学家们研究超新星、宇宙暗能量，以及搜寻系外行星和变星提供了强大支持。

詹姆斯·韦伯太空望远镜：视野最广的“宇宙户籍警”

与其他在地球上工作的“宇宙户籍警”不同，詹姆斯·韦伯太空望远镜被安装在距离地球160万公里远的轨道上，一面围绕太阳轨道运行，一面开展星际“户口调查”，成为视野最广阔的“宇宙户籍警”。

詹姆斯·韦伯望远镜号称史上最大的太空望远镜，当它置身于太空时，既不会受到太阳光和热量的侵袭，又可以避免来自地球和月球的反射光的干扰。它身上装备的18面六方反射镜，可以接收大量红外光，帮助科学家更清晰地观察太空。

2016年11月，詹姆斯·韦伯太空望远镜由美国宇航局修建完工，再进行一系列机械测试，它就能在轨道上执行艰巨的任务了。如果测试顺利，它将在2018年10月发射升空。届时，科学家们将通过它反馈回来的星星“户口簿”，研究宇宙中诞生的第一代恒星和星系，分析附近系外行星的可居住性。

随着一颗颗神秘星体的“户口”被曝光，宇宙的神秘面纱正被悄然揭开。相信在不久的将来，会有更多的“宇宙户籍警”涌现出来，大显神通，为我们揭示太空的奥秘。

“天眼”看见的脉冲星到底能干啥

文 | 任志方

2017 年 10 月 10 日，中国科学院发布了 500 米口径球面射电望远镜（FAST）取得的首批成果：FAST 首次发现脉冲星，探测到数十个优质脉冲星候选体，其中 6 个通过国际认证。这是中国人首次利用自己独立研制的射电望远镜发现脉冲星。

脉冲星刚被发现时差点被当成外星信号

脉冲星的发现还要从 50 年前说起。1967 年，英国剑桥建造了一种新型的射电望远镜，其作用是观测射电辐射受行星际物质的影响。

1967 年 7 月，该射电望远镜投入使用，由英国天文学家休伊什的学生乔斯林 · 贝尔担任观测和记录处理的工作。

贝尔夜以继日地工作，在大量纷乱的记录纸带上仔细摸索射电闪烁信号的特征，这是太阳系带电介质干扰星空无线电传播的结果，其流量呈现出秒量级的准周期变化。此现象可以类比于“天上的星星在眨眼”，这源于地球大气层扰动引发的光学波段的闪烁。

然而，贝尔偶然察觉到一个奇怪而且周期极其规律的“干扰”信号——每隔 1.33 秒的精准时间的脉冲信号。

这令她十分诧异，难道宇宙的“心电图”存在“人为故意”的钟表准时效应？休伊什认为这是受到地球某种电波的影响造成的。但是第二天，同一时间同一天区，神秘的脉冲信号再次出现，这就足以证明奇怪的信号并非来自地球，而是来自天外。

观测数据表明，这个脉冲信号的频率极其精确；接下来，贝尔和同事又发现不同天区的另外 3 个周期各异的脉冲信号源。这排除了观测到的是外星人信号的可能，因为不可能有 3 个外星人在不同方向同时向地球发射不同的脉冲信号。

经过射电望远镜的色散测量，贝尔给出脉冲星距离地球大约几万光年的结论，这意味着脉冲信号源于银河系起源的天体。经过一番努力，贝尔和休伊什在英国《自然》杂志上发表了发现脉冲星的论文，并认为脉冲星就是物理学家预言的超级致密的中子星。

消息很快轰动了世界科学界，这是不曾奢望而极其意外的发现，堪称 20 世纪的一个重大发现，为天文学和天体物理研究开辟了新的领域。1974 年，休伊什因这项新发现获得了诺贝尔物理学奖。

自转速度比木星还快 10 万倍

那么，什么是脉冲星？

脉冲星的典型半径仅有 10 公里，其质量却在 1.44 倍至 3.2 倍太阳质量之间，是除黑洞之外密度最大的天体。每立方厘米的脉冲星质量达到 1 亿吨，要用 1000 艘百万吨级的巨轮才能拖动。

脉冲星就是正在快速自转的中子星。

这样的中子星由于快速自转而发出射电脉冲，所以有脉冲星之名。脉冲的周期其实就是脉冲星的自转周期。

当星体自转且磁极波束扫过安装在地面或航天器上的探测设备时，探测设备就能接收一个脉冲信号。

原理就像我们乘坐轮船在海里航行看到灯塔一样。设想一座灯塔内的灯总是亮着且不断旋转，每转一圈，灯光射到船上一次。在我们看来，灯塔的光就连续地一明一灭。脉冲星也是一样，当它每自转一周，我们就接收到一次它辐射的电磁波，于是就形成一断一续的脉冲。

地球每 24 小时自转一次，而大多数脉冲星每秒钟就能自转一次或多次，有些脉冲星的旋转速度甚至最高可达每秒 100 转。它们的自转速度比太阳系中转速最快的木星还快 10 万倍。

50 年来已有 1000 多颗脉冲星被发现

银河系中有大量脉冲星，但由于其信号暗弱，易被人造电磁干扰淹没，目前只观测到一小部分。

从第一颗脉冲星“小绿人”被发现到现在，世界各地天文台已陆续发现 1000 多颗脉冲星。

据估计，在银河系中，可能有 100 多万颗脉冲星。所有新发现的脉冲星的发射周期都以同样的方式运行，每隔一个特定周期就发射短噪声脉冲，每颗脉冲星的发射周期都保持不变。

位于贵州省喀斯特洼坑中的 FAST 望远镜与美国阿雷西博望远镜，是世界上仅有的两个利用喀斯特地貌中的天然盆地修建的超大口径射电望远镜。

在 FAST 落成之前，阿雷西博望远镜就已经独霸世界最大口径射电望远镜宝座 50 多年，利用其超群的灵敏度做出了很多重大天文学发现。

具有极高灵敏度的 FAST 望远镜在调试初期就发现了脉冲星，FAST 反射面的口径很大，所以它的灵敏度很高。FAST 最基本的工作原理是，利用抛物面，把来自宇宙深处的星际光聚焦成一个点。射电望远镜的口径越大，聚光能力越强，也就是增益越大，放大倍数越大。

广义地说，FAST 像是一台收音机，用巨大的天线收听来自宇宙深处的声音。由很多反射单元构成的相当于 30 个足球场大小的抛物面，就是 FAST 的天线。

未来，FAST 将有希望发现更多守时精准的毫秒脉冲星，将对脉冲星计时阵探测引力波做出前所未有的贡献。

驶向太阳系之外可以用脉冲星导航

脉冲星的本质是中子星，中子星的密度非常大，相当于 1 立方厘米的体积上负载了 1 亿吨的质量。这就使得脉冲星具有在地面实验室无法实现的极端物理性质，是理想的天体物理实验室。

现在，美国激光干涉引力波天文台已经直接探测到引力波的存在，并为三位相关科学家赢得了 2017 年的诺贝尔物理学奖。但脉冲星观测仍然有机会再次在引力波探测领域一展身手：当引力波扫过地球周围，将在较大尺度上同时影响多颗脉冲星传播到地球的信号。如果我们对临近脉冲星的周期保持长期监测，就有望通过其周期的整体变化规律，探测到扫过银河系的引力波的存在。

除了密度大，脉冲星的自转周期极其稳定，它是以相对论的速度转动，从而可以提供接近原子钟精度的时钟信号。

如果我们能完全掌握脉冲星周期的变化规律，脉冲星在未来几百年还将有一个重要的应用场景：当人类的星舰驶向太阳系之外，脉冲星就成了茫茫星海中名副其实的灯塔。通过对脉冲星周期的监测，星舰可以随时掌握自身的运动速度，进而推算自己在宇宙中航行的坐标。这就是所谓的脉冲星导航。

天体是如何命名的

文 | 西门小栈

当一个行星系还只是星表上芸芸众星之一的时候，其中星体的名字非常简单：中心的恒星就是发现它的望远镜或人造卫星名再加一个数字；行星则是在恒星名的后缀上加从 b 开始的小写字母；至于卫星，由于不可能从地球上观测到，我们天文学家不给无法确定轨道的天体命名。这套命名法简单明了，就是没什么辨识度，不方便我们讨论。

所以到现在为止的惯例是，当一个行星系接受了人类的拜访，就将获得一套来源于某个叙事体系的名字，并尽量把整个行星系统的命名都包含在这个体系内。

太阳系行星和卫星的命名以古希腊和古罗马神话为基础。除此之外，最初发现的小行星也大致在这个命名框架内，比如最先发现的谷神星，是罗马神话里掌管农业与丰收的女神赛里斯，随后的智神星是大名鼎鼎的雅典娜，婚神星是神后朱诺，灶神星是掌管炉灶与家庭的维斯塔，接下来也几乎都是清一色的女神——女神们都被分配到了小行星上。不过因为小天体实在为数众多，后来小行星的命名权就放开给了发现者。

而从公元 2006 年起划出的“矮行星”分类，也因为古希腊和古罗马神话里的神不够用了，开始从其他民族的神话里借名字。

沿袭这个逻辑，就连行星、小行星上的地形地貌，也常常跟用来命名它的这位神有关。比如金星上几乎每一个地名都是某个民族神话里的美丽女神——最高峰叫玛特火山，玛特是古埃及的真理女神；还有一座阿克纳火山，阿克纳是玛雅的生育女神。此外还有其他来自全世界各个民族神话中人物的名字，共同点是都是女性，唯一的例外是麦克斯韦火山，它是以物理学家麦克斯韦的名字命名的，这也是金星上唯一的“男性”。水星被命名为墨丘利，它表面的环形山就全都以诗人、画家、音乐家的名字命名。爱神星是一颗小行星（编号 433），它上面的撞击坑全部以著名爱情故事里的男女主角命名，比如贾宝玉和林黛玉。

假如地球不公转了

文 | Aatish Bhatia

炎热的夏天又到了，看着火辣辣的太阳，不禁想抽点时间想象一下：在一个没有“年”这一概念的世界里——地球由于某些原因停止了公转——生命会是什么模样。如果地球的公转消失，地球便会径直落向太阳。这种“地球落体”的过程大约需要 64 天半，现在就让我们打开更大的脑洞，脑补一下地球撞向太阳时会是怎样的情况吧。

第 1 天，我们开始了跌向太阳的旅程。

第 6 天，经历了 6 天的坠落，地球的温度上升了约 0.8℃，你也许还不怎么觉得热，但是变化马上就要来了。

第 21 天，全球平均温度上升了约 10℃，达到了 35℃。地球正在经历极端剧烈的全球性热浪，农作物相继死去。

第 35 天，整个“奔日”路程已过了 1/2。全球平均温度达到 58℃，超过了有历史记载以来地球的最高温度，也就是在美国加州死亡谷测量到的 56.7℃。要是没有空调的话，大多数人已经没法活了。此时，电力基础设施要么捉襟见肘，要么停止输出。森林火灾肆虐，不能打洞或无法逃避酷热的陆地动物正在走向灭绝。同样，因为温度较高的水所溶解的氧气减少，而氨气却增多，鱼类慢慢死亡，整个水生食物链会因此断裂、崩溃，昆虫也逃不过这场劫难。撒哈拉沙漠蚁倒还能茁壮生长，因为它们可以耐受70℃的高温。作为食腐动物，这种蚂蚁以其他因酷热死去的生物尸体为食——现在地球上到处都是它们的食物了。

第41天，我们现在已经穿过了金星轨道。全球平均温度达到了76℃，即使是撒哈拉沙漠蚁也无法存活了。只有庞贝蠕虫还在坚持着。这种神奇的生物能长到13厘米长，目前已知它能在80℃下存活。一般认为，庞贝蠕虫的耐热超能力来自它们背上的一层羊毛状细菌保护层，这层东西能够起到隔热作用。

第47天，在103℃的高温下，地球表面温度已经超过水的沸点。海洋沸腾了，水蒸气包裹了这颗行星。连超级耐热的庞贝蠕虫都熬不下去了。超嗜热生物（例如耐热细菌）还能在海洋深处因水压抑制水沸腾而存活（甚至良好地繁殖），耐火植物还撑着没有灭绝。身怀隐身绝技的水熊虫在接近50天的当口仍然活着，它甚至能在真空、极寒和太空强辐射环境中存活长达10天。到了这个地步，水熊虫可能才刚刚发现情况不太对劲，它们会减缓新陈代谢，蜷缩起来并自行脱水，以求自保。

第54天，永别了，亲爱的水熊虫，地球的温度已经超过160℃，连你们也会觉得太热了。

第57天，我们已经飞过水星轨道，成为离太阳最近的行星，离大结局还有一周。地球表面温度已超过200℃。

第64天，地球终于来到了它生命的终点。由于地球运行速度在运动过程中累积到极大，近处太阳的引力也很强烈，以至于地球前端受到的拉力远远大于后端。这种引力差，或说潮汐力，把地球拉成了椭圆形，岩浆从地壳的裂痕中喷出。这天的初始温度是 800℃，“暖和”极了。天空中的太阳有平常的 14 倍大。正午时分，温度达到 2000℃，足以让岩石熔化，地表化成了岩浆。12 点半，我们马上就要走到头了，太阳大到填满了整个天空，地球已经越过一条有去无回的界限——洛希极限。在这里，太阳对地球造成的潮汐力大于地球对自身的约束。一旦越过洛希极限的半径，重力造成的潮汐效应就会把地球撕裂成岩浆和熔岩构成的小球体。

超过洛希极限，地球正式玩完。祝大家旅途愉快！

掉到地球另一端需要多久

文 | 叶怡萱

亚历山大·科罗茨是加拿大麦吉尔大学的一名学生，他近日对一个由来已久的物理问题进行了计算，即如果在地球中心挖一条通道的话，一个人需要花多长时间才能从通道的这一头“掉落”到那一头。此前，人们给出的答案大多是 42 分钟，但他得出的结果却是 38 分钟，并将他自己的论证、计算过程和结论发表在《美国物理学杂志》上。

如果有人设法挖了一条贯穿地球的通道，并成功“掉”了进去，他需要多长时间才能到达通道的另一端呢？这是麦吉尔大学每年都会向学生提出的一个问题，而且大家算出的答案大多是 42 分钟。但这真的是正确答案吗？科罗茨认为不是，并用数学方法给出了证明。

在得出 42 分钟这个答案时，人们往往将重力变化产生的影响考虑了进去（由空气引起的摩擦力在此不予考虑），因为人在接近地心时，重力会逐渐减弱；而随后远离地心时，重力逐渐加强，这时人体就相当于沿着与重力相反的方向向“上”飞去。人们普遍认为，在前半程的“坠落”过程中产生的速度足以让人克服重力，来到通道的另一端。

但科罗茨认为，应当将地球内部密度的变化考虑进去。已经有很多研究显示，地心处的密度比地壳要大很多，而这无疑会对坠落过程产生影响。他使用了一系列地震勘探数据，计算出地球内部不同深度处的密度，从而对上述问题给出了一个更精确的答案。最终的结论是，一个人只需 38 分钟 11 秒便可穿越地球，而不是 42 分钟 12 秒。

有趣的是，科罗茨还注意到，就算假定坠落全程的重力都保持地面水平不变，计算得出的结果同样也是 38 分钟。

钻入地下1万米究竟有多难

文 | 周军

地球的平均半径为6371千米，而当今世界最深的钻孔也就12262米。也就是说，到目前为止，人类仅向地心钻进了大约0.2%。如果把地球比作一个鸡蛋的话，现在连鸡蛋皮都没钻破！这个12262米深的钻孔还是苏联的科拉超深井创造的纪录，迄今20多年没被打破。

不过，2017年11月15日召开的香山科学会议上传出令人振奋的消息，我国科学家提出大胆设想，将在中国钻若干口超过万米，甚至打破科拉超深井纪录的特深钻孔。这将使我国的地球科学研究水平提升至国际先进水平。

为了藏在地下的秘密和惊喜

人类虽然世世代代生活在地球上，却对它所知甚少。很多看似很简单的地球科学问题，至今仍没有确切答案。

比如，地震的原因是什么？地壳中有什么样的流体？是什么力引发了造山运动？地壳中曾经发生过和正在发生什么样的物理、化学过程？

如果能够打造若干条通往地球内部的通道，并在地层深处埋设长期观测的仪器，建立起对地球内部进行长期观测的网络，那么上述问题或许可以在一定程度上得到解答。

另一个原因，与地下丰富的自然资源相关。

目前世界先进水平的矿产勘探开采深度已达 2500 米至 4000 米，而我国大多在 500 米以内。科学家估计，如果我国的矿产勘查深度能从平均 500 米增至 2000 米，我国的金属资源量就可以翻一番。

事实证明，地球更深处埋藏着众多惊喜，这也是为什么特深层油气资源已经成为全球勘探开发的热点。截至 2014 年年底，全世界 6000 米以上的超深层油气藏点有 104 个，8000 米以上的有 28 个，其中包括我国的塔里木油田。除了油气，还有大量的地热资源等待我们去开发利用。

地球“三高”问题是关键

要钻这么深的井，需要利用强大的机器，钻透一层又一层坚硬的岩石。

在这个过程中，会遭遇很多世界级难题。其中就包括地球的“三高”问题。

第一“高”是高温。科学家预计，钻到地下超万米处，温度将达到 300 摄氏度以上。这意味着，钻探机器上所使用的孔底马达、震击器、轴承密封等材料得耐得住这样的高温才行。可惜现阶段很多材料的耐高温性能还没这么厉害。

第二“高”是高压。如果钻孔深度达到 1 万多米，预计井内泥浆压力将达到 175MPa 以上，地层压力将达到 400MPa。而现有很多测量仪器所能耐受的压力为140MPa到170MPa之间。更要命的是，在高温、高压之下，岩石的物理力学性质会发生改变，容易破碎。一旦井壁岩石出现破碎，又会严重阻碍钻井施工的顺利进行。

第三“高”是高地应力。所谓地应力，是指地壳内岩石在受到外力而变形时，各部分之间产生相互作用的内力。高地应力非常容易造成井壁垮塌、卡钻等井下事故。苏联的科拉超深井和德国的KTB井在6000米至7000米以下井段施工时，就曾因为高地应力频频发生事故，而浪费了大量时间和经费。

科学家“开脑洞”想了这些应对措施

据测算，钻一口超过1万米深的井需要花10年甚至20年时间，大约需要20亿人民币。要想把这笔巨资花得值，必须得有十足的把握才能动工。为此，科学家们提出了不少施工策略。

就拿对付地球的高温来说吧。对于地球万米深处300摄氏度的高温，首先面临挑战的是钻具上的橡胶、尼龙等有机材料，比如钻具的密封件。此外还有钻具上使用的电子元器件，目前大多数元器件能耐受的最高温度在200摄氏度左右。

最简单、最直接的办法就是研究出更耐高温的橡胶、聚氨酯和电子元器件。如果这些材料仍然达不到要求，可以尝试用耐高温的金属材料来替代它们。

还有一个办法是给钻具降温。比如泥浆可以提取到地面进行冷却，通过泥浆的循环来带走钻具内的热量。还有一个设想是采用专门的制冷设备，像空调一样给钻具降温。遗憾的是，可以在高温高压环境下使用的制冷机目前还没有诞生。

为了防止井壁坍塌，科学家提出，可以加大泥浆的密度，尽量缩小最大地应力与最小地应力之间的差距。还可以采用多层套管或者膨胀套管来阻隔地层的崩塌。

所以，表面上看是打一口井，实际上却是在考验一个国家的经济实力、基础工业实力和科技实力。要想完成世界第一的特深钻孔，必须拿出世界第一的钻探技术才行！

火星为什么是红色的

文 | 罗杰·拉苏尔

古罗马人因火星的颜色而崇敬它，埃及人称它为“红色星球”。在太阳系的所有行星中，火星是唯一的红色星球。为什么会这样呢？

火星的微红颜色是由以红赤铁矿形式存在的氧化铁或三价铁形成的。地球上有许多锈红色的岩石，其形成需要氧气，而氧气源于生命。最早的证据来自西格陵兰岛上有38亿年历史的条状铁层，对应着光合蓝菌兴衰的生长周期。它们以富含二氧化碳的大气为生，将氧气作为废物排出。但是据我们所知，火星上没有蓝菌。其大气中有少量稀罕的氧气——只有0.13%。二氧化碳在其大气中占了最大的份额——95.3%，氮气占2.7%。那么，产生火星尘埃中赤铁矿晶体的氧气从何而来？

最有可能源于水。

通过环绕火星的卫星上的红外仪器收集的数据及“机遇”号火星车于2004年拍摄的冰云，我们知道火星上有冻结的水。结冰的水位于火星的南极附近的地表下约1米处，埋在其极地冰盖明亮的白色冰川下面。但是这些锈迹的产生需要液态水。通过望远镜观察，我们尚未发现火星上有液态水。人们在火星表面艰难前进的火星车上，似乎发现了火星上曾经富含液态水的迹象。

2004 年，“勇气”号和“机遇”号火星车发现，火星表面确实有纵横交错的水道。它们传回了冰蚀谷及有蜿蜒小溪和卵石印记的图像。火星上曾经是有水的，并且其之前的温度比目前的 –55℃的温度要暖和得多。

火星上有水的更多证据来自 2014 年 8 月，那时“好奇”号传回了其在盖尔陨石坑着陆点的图片，图片中有均匀的层状岩体。这是典型的在湖底形成的沉积物。在此之前，“好奇”号钻探了一块名为“坎伯兰”的火星岩石。岩石的矿物质中有很久以前嵌入其中的水分子。通常，水分子是由两个氢原子和一个氧原子形成的，但有时一个或两个氢分子会被一个较重的氘原子替代。大约每 3200 个氢分子中会有一个被氘原子替代。

在火星表面，正常液态水可以蒸发，而重水分子则留在其表面。由于重水分子与正常水的比例随着时间的变化而变化，这就使我们能够测量出火星上的水存在了多长时间，以及火星上曾经有多少水。

“好奇”号发现在大约 40 亿年前火星上就有液态水。这些水最终成了地下冰吗？我们一直想知道答案。

2015 年 3 月，美国国家航空航天局的科学家在《科学》杂志上刊登了他们的发现。用基于地球的红外望远镜观测火星大气，他们测量出了在极地冰盖处有多少重水被冻结了。利用这个数据，他们计算出火星表面曾经有 2000 万立方千米左右的水——比北冰洋的水量还多。但是现在的情形是，这些水只有 13% 变成了目前火星两极的冰，另外的 87% 已经消失在太空了！

因此，我们相信，在某个时期火星上曾经有液态水。但是水从何而来？有两个可能的答案：一、火星在形成时产生的水；二、载冰彗星和小行星带来的水。希望在不久的将来会有确切的答案。

让火星变得“宜居”的大胆设想

文 | 安利

为了把火星改造成可供人类居住的环境，科学家们提出了不少设想。

人造磁气圈

火星的环境极其恶劣，人类要移民火星，必须经受大气稀薄、辐射超强和温度极低的考验。科学家们认为，火星曾经有过厚厚的大气层和炎热的内核。活跃的火山活动促进了大气的循环，炎热的内核能帮助形成驱散太阳风的保护磁场。

但数十亿年前，火星的内核冷却、磁场消失及太阳风的剥离使得火星的大气层不断变得稀薄，火星最终沦为一个寒冷、干燥的地带。

美国国家航空航天局的新设想提出，将一个“人工磁场”置于火星与太阳之间的轨道，把火星置于“磁尾”的保护之中，使其免受太阳风的侵袭，以便重建被太阳高能粒子剥离的火星大气层。随着大气层的不断增厚，火星的温度也将随之升高。温度的升高可令火星极地的干冰融化，释放出大量的二氧化碳，形成温室效应。这足以促使火星再次出现液态水，形成河流与海洋。事实上，微型磁气圈的研究成果已经应用于保护宇航员和航天器免受宇宙辐射的影响。科学家们设想打造一个“放大版”的人造磁气圈，并将其送至太阳和火星之间的拉格朗日点上。

照镜子

美国火星协会创始人、航天工程师罗伯特·祖柏林认为，改造火星首先要让火星变暖，为此他提出了几个方案。其中一个方案是在太空中架设巨大的反射（或折射）镜群，将更多的阳光反射至火星特定区域，以释放出冷冻地表中的气体和液体。不过，要制造和安放如此规模的镜子，难度可不小。

穿黑衣

黑色的衣服比白色的衣服更吸热。由此科学家们想到，如果给火星的两极也“穿上黑衣服”，即覆盖一层黑色土壤，那么也有助于火星两极升温。火星被称为“红色星球”，黑色的土壤从哪里来呢？人们把目光瞄向了火星的两颗卫星。火卫一与火星之间的距离是太阳系所有卫星中与主星距离最近的。不过，如何给火星穿上“衣服”并且不被火星上的沙尘暴吹走，是一个大问题。

小行星撞击

太空中很多小行星都是由冷冻的氨气构成的，而氨气则是重要的温室气体。如果科学家能抓住或者重新定向一颗小行星，让它撞击火星，撞击产生的巨大能量将使火星上的冰融化，二氧化碳也会被释放出来，所释放的氨气也可以让火星大幅度升温。

播种蓝藻

目前在火星大气的成分中96%为二氧化碳。科学家设想把蓝藻播种到火星，用它们将火星大气中的二氧化碳转化成氧气。科学家认为，正是蓝藻等藻类将早期地球上的有毒气体转化为氮和富含氧气的大气，并且促进了臭氧层的形成，为地球生命的诞生创造了有利条件。他们希望这一过程也能发生在火星上。科学家计划通过无人探测器在火星上进行测试，验证转化火星大气成分的技术。NASA和其他空间机构也在研究利用生物改造火星大气的可能性，国际空间站上已经开展了蓝藻实验。不过蓝藻的基因需要被改造，使其能够耐受宇宙中的极端环境。

人类有没有可能把火星炸毁

文 | 比约恩·凯里

如果宇航服破了，宇航员的头会炸开吗

好莱坞大片让人们误以为在太空中死去会非常恐怖，简直令人毛骨悚然，但事实上不是这样。先从好的方面说，就算你的宇航服破了，你的脑袋也不会爆炸。那从坏的方面说，情形会怎么样呢？你的血液会沸腾起来，这样一来你还是会死的。让我给你具体解释一下吧。

首先，让我们把那些电影特技中所展现的死亡效果排除在外。在电影里，头部爆炸的情形来自于对基础物理知识的误解：处于一定压力下的物体，当压力降低时会发生膨胀。也就是说，人体在正常情况下处于1个大气压的压强下，如果让人体暴露在压强为零的真空中，那么人体就会发生膨胀，不过你可能还可以承受。

在现实中，这种压力上的差别还不足以引起爆炸这类现象。但你的皮肤会膨胀到比正常情况下大两倍左右的状态。这种膨胀会很痛苦，不过仍能生存。一旦你返回地球，皮肤会迅速地恢复到原来的状态。

血液沸腾却是个有点棘手的问题——在这个问题上，科学家们仍存在着分歧。

众所周知，液体的沸点会随着压强的下降而降低，这是毋庸置疑的。在压强为零时，37℃的体温就足以使血液沸腾。这个论点是支持“血液沸腾说”的主要理论依据。但持反对意见的科学家们提出了一个有说服力的反驳理论：由于血液循环系统是封闭的，心脏跳动提供的是恒定的血压，而血管是有弹性的，血液也会受到挤压，此时血压会有所下降，但还不会降到让你的体温能煮沸血液的程度。还有第三种意见，认为血液看上去似乎是沸腾了，但其实可能只是把溶解在其中的氧气和氮气释放了出来。在这种情况下，唾液可能会在嘴里“烧开”。这种看法的根据是1967年一名美国宇航员在培训中意外地暴露于真空中时的亲身体验。

现实的情况是，如果你的宇航服破了，由于氧气泄漏，你将死于窒息。这不仅仅是理论上的推断，在现实中这种不幸也确实发生过。1971年，由于阀门故障，苏联“联盟11号”的机组人员在重返大气层之前，就因窒息而全体遇难。当地面工作人员找到他们的航天舱时，里面的遗体没有任何外伤迹象。直到对遗体进行解剖以后，工作人员才确认了宇航员的死因是缺氧。

假如你发现自己处在这种情形中，不要憋住气不呼吸。因为，如果你肺里充满了空气，你的肺和太空之间所形成的压力差会引起爆炸般的减压。此时，因为空气迅速膨胀造成了减压，所以发生了爆炸。你大概可以猜测到了，爆炸般的减压会使你的肺炸开。

尽管这与好莱坞大片里的画面不大一样，可仍然是个相当不愉快的画面。

如果宇航员在太空行走时飘走了，NASA 是否有救援方案

这种事从来没有发生过，但 NASA（美国国家航空航天局）也不敢保证这种事永远都不会发生。实际上，宇航员一般不会完全自由地飘浮在太空中。只要他们在国际空间站外面，他们将始终与空间站上的一根钢丝绳连接在一起。如果同时有两名航天员在太空漫步，通常情况下，他们之间也会用钢丝绳相互连接在一起。

要是系绳不知何故不管用了，宇航员们还有一个绝妙的装备——飞行背包！每个宇航员都会佩戴一个叫“安全背包”的装备，它的全名是“舱外活动简化救援包（SAFER）”。每个救援包内部都有一个氮气喷射系统，可以把宇航员推回空间站。

如果宇航员在火星上遇难，该如何处理他的遗体

“虽然我们还没有遇到过这类情况，但很可能有一天会面对这类事情。”NASA 生命伦理顾问、埃默里大学伦理学中心主任保根·沃尔普这样说。在此声明一下，他对未来情况的观点并不代表空间计划的官方立场。

“我可以很有信心地说，如果一名宇航员在去月球执行短期任务时不幸遇难，宇宙飞船会改变航向飞回地球；但是如果宇航员是在火星上遇难，或是在去火星途中的任何地方遇难，事情就变得比较棘手，无论在哪里返回都是不明智的，实际上也是不可能的。

对于遗体的处理只有两种选择：留在那儿或带回家。我的猜测是，NASA 将尽一切努力把遗体带回家。对于其他的机组成员来说，把遗体带回家也应该是非常重要的。这样做会使他们在 3 年的任务期内更加团结，成为一个更加坚强的集体。虽然被挑选来参加此项任务的宇航员都会具

备一种气质，不会因为与一具尸体共乘飞船回家而魂飞魄散，但在途中，他们可能需要能帮助其克服悲伤的心理辅导。此外，当一个人去世了，其身体就成为下一代的合法财产，亲人们都会希望他的遗体能回家。NASA肯定会把这种要求考虑在内的。

“死亡的原因可能是做决定时的重要因素。如果宇航员由于跌进峡谷死亡，把他的遗体从峡谷中抬上来就有可能危及机组其他成员的性命。还有一种非常非常小的可能性，比如宇航员的衣服被撕破，他可能会被一种致命的病毒感染，这种情况同样也会危及其他成员的生命，甚至危及地球。当然，现在还没有证据证明火星上存在任何有危险的生物，但仍然需要有关这类情况的措施与计划。如果没有遏制病毒传播的办法，我们就不得不把遗体留在火星上。可是反过来想一下，这样做会不会又把火星给污染了呢？”

在保证安全的条件下我们离太阳多近

在太阳系的所有天体中，太阳应该是我们最不想靠近的天体，因为它在不停地喷发着放射性物质，而且，即使在这颗恒星表面最冷的地方，仍有大约5500℃的熊熊大火在燃烧，这个温度几乎可以焚烧所有的材料。所以，近期内没有任何派遣载人航天器靠近太阳的计划（反正火星看上去更有趣）。

但这并不妨碍我们去弄清楚人应该在什么距离内掉转船头才不会丧命。你或许想不到，人靠近太阳的距离可以近得惊人——地球距离太阳大约有1.5亿千米远，在你燃烧起来之前，你大约可以走完这段距离的95%。

也就是说，一名宇航员只有如此接近太阳后才会出现问题。负责NASA“信使号”探测器隔热工作的工程师拉尔夫·麦克纳特说：“以我们目前的技术水平，制造出来的宇航服的确还不能承受深空的严酷环境。”标准宇航服能够保持宇航员在外部温度达到120℃时仍旧感到比较舒适，但一旦高于这个温度，宇航服就会变成贴身桑拿服，其内部温度将超过52℃，人将处于脱水状况并昏迷过去，最终死于中暑。

太空闻上去什么味

太空的气味怎么样？就像是赛车场上弥漫的那样，烧红的金属、柴油废气，还混杂着一丝烧烤味。太空的气味来自何方？主要来自死亡的恒星。

路易斯·埃拉曼达是NASA艾姆斯研究中心天体物理和天体化学实验室的主任，他说，太空当中充斥着碳氢化合物的分子，碳氢化合物燃烧会产生一种称为“多环芳香烃化合物”的臭味化合物。其实含碳燃料（如木柴、木炭、油脂和烟草）燃烧时都会产生同样的气味，烤焦的肉也是这味儿。这些分子“似乎弥漫在整个宇宙中，而且永远飘浮在那里”——在彗星、流星和太空尘埃中。这些碳氢化合物甚至被列为地球最早期生命形式的组成物质。怪不得在煤、石油甚至食品中都可以找到多环芳香烃。

埃拉曼达解释说，我们身处的太阳系是特别臭的，这里的含碳量高，而含氧量却极低，就像所谓的“乌贼车”，你切断它的供氧，会看到滚滚黑烟，闻到阵阵恶臭。而富氧的星系气味就好闻多了，有一缕如木炭烧烤般的香味。一旦你离开我们的银河系，气味会变得十分有趣。在黑暗的宇宙深处，充满了由微小灰尘颗粒组成的分子云，从甜糖般的气味到臭鸡蛋的恶臭，五花八门，就像一个名副其实的集结异味的大杂烩。

有没有可能把火星炸毁

用目前人类可以掌握的任何核动力设备，都不可能摧毁这颗红色星球。我们这里还没有把资金问题考虑进去。行星可以在经受巨大的攻击后仍旧存在——火星上的陨石坑海拉斯盆地就是证明。这个盆地的宽度有2000多千米，它表明火星曾经与一颗庞大的小行星相撞过，产生的冲击力远远超过1万亿吨的爆炸当量。如果这样大小的流星撞击到地球上，瞬间就可以毁灭所有的生命。

相比之下，在曾被测试过的最强大的核武器中，苏联的“沙皇”核弹也只有5000万吨的爆炸当量，大多数国家的核武库中储存的核弹都在20万吨至40万吨爆炸当量。对巨大的行星而言，这些核弹就如同生日聚会上放的鞭炮一样。面对一个像火星那么巨大的物体，不但一颗核弹无济于事，就算把现有的核武器都加在一起，也不可能炸毁它。

我们为什么要探索金星

文 | 亚历山大・罗金

至少从 20 世纪初开始，火星和金星就一直是科学研究与公众幻想的热门对象。从 20 世纪 60 年代开始，拥有先进航天技术的国家，纷纷开始发射无人探测器探索这两颗行星。然而，一直以来，火星得到的关注要比金星多得多。自 2002 年以来，每年至少有两个火星探测器在采集数据，保持着活跃状态，2016 年更是有七个之多。这也可以理解。火星的环境远比金星宜居，毕竟后者的地表温度将近 480℃，地面气压是地球的 92 倍，而且常年笼罩在厚厚的硫酸云层之下。

我们已经掌握了火星上曾有液态水的证据。这让我们无法排除那里曾有生命存在的可能——就算现在依然存在也不稀奇。相较于火星，金星的大小（只比地球小 5%)、构成和表面重力与地球更加相似，但金星上的恶劣环境让生命难以存活。尽管如此，金星依然值得研究，我们有必要了解它是如何变成现在这个样子的，以及如何避免地球重蹈覆辙。

金星还能帮助我们理解最新发现的系外行星。位置十分靠近恒星的系外行星数量很是惊人，公转周期最短的可能只有区区几天。迄今为止，此类行星仍以巨型的“热木星”或“热海王星”

居多。不过，不断改良的探测仪器总有一天会让天文学家发现“热金星”。如果真到了那么一天，金星将成为珍贵无比的参照对象，帮助我们解读那些遥远星球的观测结果。

就其自身而言，金星也是一颗令人着迷的星球。虽然它的大小和构成与地球类似，但是，没有证据表明，那里也存在着地球这种持续让地壳循环再生的板块构造。不过，金星的地表布满火山、岩浆流以及其他显示曾存在构造活动的地质证据。如果此类活动仍在继续（而且这种可能性很高），将为我们提供无比宝贵的信息，供我们了解这颗行星的内部构造与其他方面。

金星自转一周的时间为243天，方向与它绕日公转的方向相反，这一点跟其他行星不同。但是，金星上的云层只要四天就能环绕全球一周，这种现象被称作“超级环流”，这种超级环流几乎席卷了金星的整个大气层，直抵80千米~90千米的高空。金星的“两极地区”不断生成气势恢宏、变化莫测的旋涡。因此，金星上的大气运动类似于一种覆盖了整个星球的飓风，拥有两个分别位于两极的“风眼”。科学家希望，金星的大气动力学，能够帮助人们预测乃至控制地球上的飓风。

对普通大众而言，开展行星探索的最大理由，大概就是寻找地外生命。

金星上极端恶劣的气候，是否意味着任何类型的生物都不可能在那里生存？出人意料的是，有些专家给出了否定的回答。他们声称，金星大气中富含的气溶胶微粒，理论上可供某种形式的生命生存，那里具备所有必要的条件：距离行星表面50千米~70千米的区域温度适中，存在液态水和丰富的化学物质。这个看似异想天开的假说究竟是否属实，只能靠今后的研究来证明。

流浪的孤星

文 | 陈钰鹏

黑暗的宇宙中，一颗行星在飞驰，它是一颗孤苦伶仃的流浪星，没有母星（恒星）可以让它围着转，也得不到母亲的温暖（没有太阳在加热它），没有光亮。

这颗行星是2012年底由法国格勒诺布尔行星和天体物理研究所的以天文学家菲利普·德洛姆为首的研究小组发现的，离观察点约130光年。

这颗行星看来相当年轻，但根据其亮度判断，应该是5000万年至1.2亿年前形成的；它和过去20年内所发现的外行星（河外星系）都不一样，它是一颗脱离了母星的行星，这种行星被称为“孤星”，因为它们没有可绕行的母星，人们必须用现代高分辨率的望远镜直接观察，所以直至2012年底，这颗被太阳抛弃了的孤星才被发现，并被命名为“CFBDSIR2149”。这颗孤星的大小为地球的60倍，估计质量为木星的4 ~ 7倍，表面温度约430℃。

天文学家推测宇宙空间有无数这样的孤星在飞驰。

美国天文学家的最新研究结果是：每个恒星平均有1.8个孤星，这意味着银河系应该有4000亿个孤星，以往只是限于条件而没有被发现。

有人会问，我们的地球会不会有朝一日也变成孤星？如果会，人类还能活下去吗？

科学家们用数学模型进行了模拟，并详细研究了太阳系行星的运行轨道，结论是：地球在今后的4000万年内是安全的。再往后木星有可能会影响水星的运行轨道，并将其引至金星的运行轨道附近。一旦两条轨道交叉，即发生宇宙大灾难，导致行星的擦肩而过、互相撞击，甚至将其中一颗行星甩出运行轨道，使其成为孤星。遭殃最严重的是质量小的水星或火星，但我们的地球也会成为牺牲品。

尽管如此，造成上述灾难的概率还是相当小的，在绝大多数情况下，太阳系的行星还能正常运行50亿年，也就是直至太阳慢慢终结。其间万一发生什么情况，那么可能由于木星的影响，地球的运行轨道变得更加椭圆，夏天变得很短、很热，冬天则很冷、很长；四季越来越极端化，农业遭到破坏，人类文明崩溃；直至有一天，木星把地球抛出轨道，最后使地球离太阳越来越远，在地球上看，太阳显得越来越小，提供的能量越来越少，地球越来越冷。其变冷的速率远远大于CFBDSIR2149，因后者本身就具高温。植物因缺少阳光而停止光合作用，停止生产氧气。但这一点不会导致人类的死亡，地球的大气中含有1.2千兆吨氧气，还能供人类很长时间的呼吸之用。树木在没有光合作用的情况下，同样也能维持好几年生命，因为它们可从储存在树干中的糖分获得能量。经过10～20年，大气中的气体皆结冰，或降雪，气温降至约零下240℃，地球上不再有生命。

但这并不意味着地球的终结，生命还可以在地下继续；像冰岛或美国的黄石国家公园，将成为人类“溃散部队”的最后避难所，在那里，地球内部的地热在均匀地保持地球表面的温度，当年（45 ~ 46 亿年前）地球形成时，有 40% 的热能成为残余热量留在了地球内部。

总之，科学家认为，地球成为孤星属于很远很远的将来时，届时发生的概率很小很小，即使发生了，说不定也会有一个陌生的星系捕捉地球、解冻地球，让地球复活。

你听过流星的声音吗

文 | 仉博简

当一颗流星呼啸着穿过地球上空的大气层时，对于我们来说，却是一场无声的表演。大多数流星会在离地面 100 多千米的高空燃烧殆尽，即使流星产生的声音足够响，鉴于声速远慢于光速，声音也是在这种视觉奇观过后好几分钟才抵达地面。

然而，据多年来的许多目击报告记载，在流星出现时有一种奇怪的“吱吱”声与之相伴，听起来就像有人在煎蛋。最近，美国桑迪亚国家实验室和捷克科学院的研究人员表示，他们发现了一种机制，可以解释与流星相伴的“吱吱”声。

闪烁的流星

他们说，这种“吱吱”的声音确实存在，但它们不是来自流星周围空气分子的振动，而是来自地面，不过这种声音与流星产生的光有关。

捷克科学院曾利用高速摄像机，记录了 100 多颗流星火球产生的光。记录到的光变曲线显示，流星产生的光其实是由一系列闪光——亮度会忽明忽暗的光——组合而成的。这是因为大多数流星变成火球时，燃烧是很不稳定的。而流星燃烧时的温度可以接近太阳的表面温度，产生的闪光能量巨大，可以一路抵达地面。

地面上某些物体接收到周期性变化的光照时，它们温度的升降会引起体积的胀缩，搅动周围的空气分子，于是就产生了声波。声波的频率与闪光亮度变化的频率相同，如果处于人耳的听觉频率范围（20 赫兹到 2 万赫兹），那么人就能听到声音。

上面所说的现象被称为“光声效应”，是美国发明家亚历山大·格拉汉姆·贝尔于 1880 年首先发现的。

听起来如在煎蛋

研究人员还对他们的想法进行了测试。在消声室（一间能隔离外界所有声音的实验室）中，他们放置了一盏 LED 灯和一个麦克风。研究人员让 LED 灯不停地闪烁，并照射各种物品，包括木头、画作、毛毡和假发等，他们记录到了微弱的与目击报告提到的相同的声音——“啪啪”“吱吱”“沙沙”的声音。当 LED 灯以 1000 赫兹的频率闪烁时，被照射的物体产生了一种大约 25 分贝的声音，这足以直接被人听见。所以说，这个测试证实了他们的想法：流星可以把能量从空中以电磁辐射的形式迅速传到地面，并加热地面上的物体，让它们发出煎蛋时的“吱吱”声。

他们还发现，能迅速吸收光但导热性很差的材料所发出的声音最响。这种材料包括深色衣服、头发、树叶和草等。

他们的模型显示，当流星的亮度跟满月差不多或更亮时，就能在地面上产生光声效应，而且只要流星产生的光闪耀的频率处于人耳的听觉频率范围内，我们就有机会听到与流星相伴的“吱吱”声。所以，如果你能够幸运地发现一颗流星，仔细听，它可能正在跟你说话。

你会被人造卫星砸中吗

文 | 钱 航

好莱坞动作电影《极限特工 3》讲述了这样一个故事：全球卫星网络被犯罪分子控制，罪犯扬言要定时让每颗卫星坠向地球。为此，美国政府请来了身怀绝技的桑德·凯奇，由他带领一组特工夺回控制设备“潘多拉盒子”。

不过，看过电影的观众可能会产生疑问：人造卫星真的能那么容易就被控制吗？太空中的卫星坠落并砸中人的概率究竟有多大呢？

迄今，世界各国累计发射了数千颗卫星。如果一颗卫星在“寿终正寝”后仍沿轨道飞行，就存在和新卫星相撞的危险，属于太空垃圾。因此，国际条约规定，轨道高度在 2000 千米以下的卫星需在结束使命 25 年内落地销毁。

卫星结束使命前会收到让其降低高度的命令，最终坠向地球——当然，因故障失控而只好等着自然坠落的卫星也不在少数。

从 20 世纪 70 年代起，每年约有 200 枚火箭和卫星坠落，最近几年，每年也有 50 枚左右。卫星一边绕地球飞行，一边在大气层稀薄边缘的摩擦作用下逐步降低轨道高度。当卫星在扎进高度在 130 千米左右的高密度大气层后，由于空气阻力增加，高度骤降，就会在摩擦作用下开始自燃。

所以，它们大部分会在大气层中燃为灰烬。这样的话，每年只会有数枚卫星的零部件落到地面。

一般来说，卫星的零部件残骸砸中人的概率是数千分之一，砸中某个特定人员的概率是几十万亿分之一，远远低于发生交通事故的概率。

为什么晚上的天空是黑的

文 | 李旻

这个问题说起来还真的奇怪，因为晚上没有太阳啊。但如果我们再想想看，晚上有星星啊。星星的数量不是很多吗，为什么不是满天星光呢？因为星星太远了，所以我们看不清啊。但是，星星如果是无穷多，就应该看起来亮闪闪的一片啊！

这么一圈绕下来，是不是觉得这个问题很无厘头？

这个问题，实际上是著名的“奥伯斯佯谬”。奥伯斯是德国19世纪著名的天文学家，他在1823年提出了这个问题。这个问题比较文绉绉的表述是：如果宇宙是稳定的，无限大的，而且发光的星球是均匀分布的，那么无论向天上哪个位置看去，都可以看到一颗星球的表面，所以就不会有黑暗的位置存在于星星之间。因此黑夜时，整个天空都会是光亮的。事实上，在上述前提下，用严格的数学进行推导，结果更让人吃惊，那就是晚上的天空是无限亮的。

从逻辑的角度来分析，如果论证过程无懈可击，结论荒谬，那只可能是前提错了。而这个结论显然是错的，因为我们都看到了黑夜的黑。

所以，我们要来看看这个前提“如果宇宙是稳定的，无限大的，而且发光的星球是均匀分布的”。星球均匀分布这个问题不大，因为总体上我们的观测结果告诉我们，星球整体上是均匀的。那就只有“宇宙是稳定的，无限大的”这个前提出问题了。是的，你没猜错，现代宇宙学确实认为，宇宙不是稳定的，宇宙也不是无限大的。

宇宙不是稳定的，因为我们知道宇宙从诞生开始，就不断膨胀，而且是加速膨胀。宇宙也是有限的，现代天文学的观测、计算结果认为，宇宙大概是 138 亿光年这样的一个尺度。

所以，“奥伯斯佯谬”现在反过来，成为支持现代宇宙学的一个重要证据。而奥伯斯当初也没有想到宇宙是变化而且是有限的，他仅仅从“星际雾霾”，也就是星际间的气体、尘埃会对光线产生遮挡来解释黑夜现象。

精细的物理及数学模型证明，哪怕有大量星际气体与尘埃存在，天空也不是黑的。我想雾霾天我们的感觉也能证实这一点。

事实上现代宇宙学的进一步观测还证明，宇宙中的物质都不是均匀分布的，而是有着一定的结构。天文学家在 1989 年发现了“宇宙长城”，它是由星系组成的长 5 亿光年、宽 3 亿光年、厚 1500 万光年的结构。另外在 2007 年又发现了近 10 亿光年大小的“空洞”结构。也就是在这个范围内，几乎什么都没有。更有趣的是在 1 亿光年这个尺度下，天文学家发现星系组成类似纤维状的结构，弥漫在宇宙中。

有时候天文学就是这么有趣，一个很小的问题，就开启了一扇大门。黑暗的夜，背后那神秘的宇宙会让你心惊还是心动？

宇宙闻起来是什么味儿

文 | 克里斯蒂娜·阿加帕基斯

如果你想知道某种东西的味道，并不一定需要你亲自去闻。香水师和天文学家们现在可以通过检测化学分子，分析并重现出某种气味——即使这种气味来自宇宙深处。

太空玫瑰

1998年，“发现”号航天飞机将一株玫瑰带到了太空中。宇航员约翰·格伦用气相色谱法捕捉到了一朵在零重力环境下生长的玫瑰的香气，这种气味与地球上的玫瑰略有不同。宇航员将这种香气的样本送返地球后，香水师们利用气相色谱法鉴定出了香味的分子组成，并打造了一款加强版的玫瑰香味产品。

土卫六

美国国家航空航天局的研究人员宣布，他们已在实验室中成功复制出了土卫六“泰坦”的大气。科学家们结合绕土星飞行的宇宙飞船“卡西尼”号探测到的光谱数据，将“泰坦”上可能存在的两种代表性的气体成分——甲烷和氨气进行混合。这种气体闻起来有点儿像汽油。

闻一闻月亮

“阿波罗”号宇宙飞船的宇航员从月球上回来后，曾将那些漏进宇航服的气味描述为“火药味”。艺术家哈根·贝茨韦兹和休·科克与香味学家史蒂夫·皮尔斯据此在2010年共同创造了一款刮擦式的香味片。

银河的中心

几年前，天文学家认为，银河中心的尘埃云闻起来应该和覆盆子的气味差不多。这些气体云发出的电磁辐射会被宇宙中的化学物质吸收。通过分析到达地球的电磁辐射发生的变化，天文学家可以知道这些物质的化学成分——甲酸乙酯就是其中之一，它闻起来像覆盆子和朗姆酒。

搭乘电梯去太空

文 | 姜靖

太空电梯，100 多年前就被提出

太空电梯的概念最早在 1895 年提出。当时，俄罗斯火箭专家齐奥尔科夫斯基从巴黎的埃菲尔铁塔得到灵感，大胆提议从地球的表面到其静止的轨道高度建一个“独立的塔楼”，并通过一条缆绳和一个电梯舱，将“塔楼”与地面连接起来，这样太空飞船可以不通过火箭发射就进入轨道。不过这在当时看起来简直是天方夜谭，甚至有人嘲讽他“不如改行去写科幻小说”。

不过太空电梯的概念自从被提出后，确实也成了科幻小说中常见的创作元素。1978 年，被誉为现代科幻三巨头之一的阿瑟·克拉克，就曾将这一设想写进他的科幻巨著《天堂之泉》。这部小说描绘了在一座热带岛屿上，人们可以通过搭乘落在赤道上的一座天梯前往太空观光或运送货物。

2015 年世界科幻小说最高奖“雨果奖”的获得者刘慈欣，在其科幻著作《三体》中，也多次提及太空电梯。其中有这样一段描述：

“所有的太空电梯都只铺设了一条初级导轨，与设计中的四条导轨相比，运载能力小许多，但与化学火箭时代已不可同日而语。如果不考虑天梯的建造费用，现在进入太空的成本已经大大低于民航飞机了。”

不光在文学界，在现实社会中，太空电梯也激发了科研人员的兴趣。

“我喜欢这个异想天开的创意，”伦敦大学学院高度、空间和极端环境医学中心创始人凯文·方在接受 BBC 电视台的新闻采访时说，“我能理解人们为什么被太空电梯的概念吸引，如果我们能以廉价和安全的方式进入太空，整个太阳系就会成为我们的囊中之物。”

预计耗资近百亿美元，值得吗

太空电梯之所以能点燃各国科学家的研究热情，低成本是主要原因。据国际宇航科学院（IAA）报告统计，一旦太空电梯建立，携带负载进入太空的成本可由每千克 2 万美元下降至 500 美元，可以为人类省下一大笔费用。

这主要是因为化学燃料占火箭 80% 的空间，14% 为火箭的主要结构，只有 6% 的空间可以载人，发射和回收成本高昂。相比之下，太空电梯则拥有体积小、耗能低的优点。

而且加拿大托特技术公司也估算过，太空电梯应用后，航天飞机太空飞行的成本能节省大约 1/3，会大大提高人类造访太空的频率，此举将开创人类探索太空的新纪元。为此，目前全球已有数个太空电梯项目在加快执行步伐。

1991 年，碳纳米管被日本研究员饭岛意外发现，这种新型材料具有拉伸强度高、抗形变力强等极佳的力学性能，被科学家认为是制作太空电梯的最理想材料。

8 年后，受美国国家航空航天局（NASA）资助，洛斯阿拉莫斯国家实验所的布拉德利·爱德华兹博士，制订出使用新型碳材料制造太空电梯的方案，并发布了用碳纳米管材料制作太空电梯的可行性报告。他还指出，太空电梯的成本为70亿至100亿美元，这远远低于其他大型太空项目的投资。

找到制造材料是最大挑战之一

根据科学家的设想，太空电梯的主体由5部分构成：地面基座、缆绳、电梯舱、太空站和重量平衡器。

其运作模式大致如下：从距离地面3.6万千米的地球同步卫星上“抛”下一根缆绳，下垂至地面基站，在引力和向心加速度的相互作用下，缆绳被绷紧；电梯舱则沿着缆绳往来运输人和物；此外，为保持平衡，在太空站远离地球的另一侧，也要架设数万公里的缆绳索道，并在缆绳末端连接一个重量平衡器。整条缆绳全长约为10万千米，大致相当于地球到月球距离的1/4。

那么在现实中要建造太空电梯，挑战在哪里呢？

从哥特式大教堂到摩天大楼再到太空电梯，在建造任何高层建筑时，坚固度和平衡重心是两大关键。不过直到现在，可用于制造太空电梯所需绳索的材料仍屈指可数。

一根普通的钢丝从9千米的高空中垂下来就会被自重所拉断。好在碳纳米管的发现，让人们重新燃起了希望。2014年9月，美国科学家、宾夕法尼亚州立大学的化学教授约翰·巴丁在《自然材料》上发表文章，称他们研发出了超细、超坚固的纳米线，比之前发现的碳纳米管更坚固和牢靠。“我们的纳米线就像是一个由尺寸最小的钻石串成的微型项链，其中一个最疯狂的想法就是用于制造超级坚固的轻型绳索，让打造太空电梯的梦想成为现实。”巴丁说。

目前，太空电梯不再被当作一个“超前命题”，这个项目逐渐被美国航空航天局、欧洲航天局等研究机构所接受。随着新材料科学的发展，太空电梯开始从幻想走进现实，不再是那么遥不可及。

快去宇宙抢矿藏

文 | 何 忧

“壮阔的荒凉。”

这是1969年美国宇航员巴兹·奥尔德林登上月球时的第一印象。现在，尘封40多亿年的月球依然是一片苍凉沉寂，但这个状况不会持续太久。如果太空采矿步入正轨，未来的月球旅行者将看到一副完全不一样的场景：深深的伤痕、忙碌的挖掘机器人和连绵的矿山。

这看起来像是未来主义者幻想中的场景，但并非不可思议。各国公司已经“磨刀霍霍”，准备瓜分宇宙啦！

去太空挖矿

2015年11月，美国总统奥巴马签署了《商业太空发射竞争法案》，允许美国公民和公司去太空采矿。这被认为是正式开始瓜分宇宙资源的标志。

大家也许曾疑惑我国为何要耗巨资打造飞行器，然后只是去月球晃一圈儿。其实，各国登陆月球在某种程度上就是“圈地运动”，划定着陆区域为各自的“势力范围”。

垂涎月球资源的还有俄罗斯。

俄罗斯科学家已经制订了在月球开发矿藏的长远计划。当然，美国在这方面走得更远。

美国航天局每年都会举行一次机器人采矿竞赛；谷歌公司则为月球 X 大奖提供赞助，如果参赛者能让机器人登上月球并行走 500 米，就能获得数千万美元的超级大奖。这让美国走在瓜分月球的前列，美国已经成立了多个致力于开发月球资源的公司，比如月球快递公司已经着手研发用于月球商业发展的飞行器了。

月球上究竟有什么值得这些大国垂涎的资源呢？

首先是水。

美国宇航局已经在月球的极区发现了大量冰冻水。冰可以用来生产宇航员和矿工所需的饮用水、食品和生活用水，也可以被分解成氢气和氧气作为火箭等设备的燃料。事实上，如果无法成功将月球上的水转换成燃料和呼吸所需的氧气，那么月球采矿计划在经济上是低效的。因为从地球上运送水和氧气去月球的难度和成本都太高，根本不合算。

其次是氦 –3。

氦 –3 是氦的同位素，原子核只有 1 个中子，是世界公认的高效、清洁、安全、廉价的核聚变发电燃料。氦 –3 在地球上的含量极低，但月球上拥有大量的氦 –3。据估计，月球上有超过 100 万吨氦 –3。太阳系的氦 –3 是由太阳产生的，它们随着太阳风在宇宙中飘散。但地球的磁场和厚厚的大气层使得氦 –3 几乎无法抵达地球表面，所以地球的氦 –3 含量极低。而月球没有被厚厚的大气层包裹，所以在过去的数十亿年里月球积攒了海量的氦 –3。

不止氦 –3，月球上的稀有金属储藏量也比地球多，比如稀土元素的总含量为 225 亿 ~ 450 亿吨，钛铁矿的总含量约为 150 亿吨。

有人认为，到21世纪中叶，月球或许会成为人类的第七块大陆，人们将在月球极区建立定居点。

除了月球，还有一些公司把掠夺的触角伸向了小行星，比如美国的行星资源公司和深空工业公司。

小行星被这些公司戏称为唾手可得的“太空水果”。小行星拥有丰富的水和大量在地球上越来越难获得的珍贵资源，比如铂、钇和镧。据估计，小行星地壳中，1吨岩石就至少含有28克铂。按照市场价，28克铂的价格约为1500美元，这意味着一颗直径为30米的小行星就可能含有价值250亿～300亿美元的铂金矿。

除了开采矿藏，小行星还可以作为太空“加水站”，为过往的飞行器提供水。行星资源公司估计，一颗含冰量20%、直径仅为45米的小行星，就足以为航天器飞行提供所需的液氢和液氧。

还有一些人的想法更大胆，他们计划着把整颗小行星抓过来。这样小行星到了自己的地盘之后，要怎么利用岂不更随意。比如，2013年美国宇航局就向美国政府提交了一份“捕捉小行星”的方案。该方案计划捕捉一颗重约500吨的小行星，并把它带入近月轨道，来充当日后宇航员登陆火星时进行补给的中转站。

如何找到矿脉

无论是在月球还是小行星上采矿，都面临着一些巨大的挑战，首先是要找到矿脉的准确位置，并对其开发价值进行评估。

为了确定矿产的位置，美国宇航局制作了一张月球“寻宝图”，上面显示了月球表面富含珍贵钛矿石的区域。我们知道，不同物质会吸收或反射不同颜色的电磁波，从而呈现不同的颜色。据此，美国宇航局的月球探测轨道器配置有多光谱成像仪，它以7个不同波长的电磁波扫描月球表面，得到大量清晰的照片。照片上不同的颜色便代表不同的矿物，而色彩浓度则代表含量。

知道了矿物的大致分布范围之后，还需要进行实地考察，以确认矿脉确实存在并值得开采。月球快递公司已向美国联邦航空管理局，递交了向月球发射带有取样器和探测器的月球登陆器的申请。如果申请能通过的话，登陆器将于今年发射。

登陆器将采集样品，以确定珍贵矿产和水的存在。

和月球相比，勘探小行星面临的难题更多。因为它们数量庞大，成分各异，而且并不是每一颗都具有开采价值。为此，行星资源公司收购了小行星数据库。

小行星数据库整理了来自美国宇航局喷气推进实验室和哈佛小行星中心的数据，记录了超过58万颗小行星的科学信息和准确的空间位置，并对它们的经济价值进行评估和排行。通过估算，5颗最容易到达的小行星的价值在80亿~950亿美元。

行星资源公司将在地球轨道附近派驻大量小行星勘探飞船，上面也放置了多光谱成像仪。同美国宇航局一样，该公司希望把反射率作为评估小行星包含多少资源的指标。一旦发现富含稀有金属矿产的小行星，公司将发射航天器去小行星上一探究竟。

而深空工业公司更倾向于直接派遣取样飞船去小行星，就地分析其资源含量。因为富含水分的小行星的反射率很低，它们看起来比煤炭还黑，所以很难在黑暗的太空中获得它们的清晰图像。

如何采矿

找到矿产之后，还要解决如何在低重力或零重力条件下安全着陆和采矿的问题。

对于任何被送往其他星球进行挖掘工作的机器人而言，首要的条件便是它必须小巧轻便，以便于放到火箭上进行发射；但反过来，它也必须具有一定的质量，这样才能稳稳地落在那些重力比地球小的星球上，并顺利展开工作。

要兼顾这两点并不容易，至少科学家们目前还做不到。比如 2014 年 11 月，欧洲航天局的菲莱登陆器在登陆彗星 67P 时就出现了失误。登陆器着陆的时候被地面弹开，最后降落在悬崖附近。此地的光线不足，导致登陆器供电不足，无法正常工作。小行星的质量和彗星差不多，所以登陆小行星和登陆彗星时所面临的情况差不多——引力很小或没有引力，这使得着陆和取样都成为难题。

为了解决这些难题，这些公司各出奇招。在深空工业公司的计划中，派遣到小行星的取样飞船除了检测行星资源，还将一并检测其“可挖掘度”。可挖掘度意即登陆该小行星和挖掘矿产的难易程度。

曾协助美国宇航局开发“勇气号”和“机遇号”火星探测器的蜜蜂机器人公司，设计出了一款多“脚”的小行星水分提取器。它的多只特别设计的“脚”让它能牢牢地附着在小行星表面，哪怕表面如混凝土一样坚硬。小行星水分提取器通过钻孔获取混有冰的土壤，然后从中提取水分以供使用，而剩下的干燥土壤可以作为分析资源的样本。

美国宇航局正在测试用于月球露天开采的采矿机器人。

这台名为Rassor（全称“表土层先进表面系统操作机器人”）的采矿机器人两端都有滚轮式的铲斗。这两个挖掘滚轮可以向着相反的方向旋转，互相为对方提供足够大的摩擦附着力，让挖掘工作得以在低重力环境中顺利进行下去。然后，这些小“矿工”将挖掘到的土壤倒入专用的设备中，分离水分和矿物。

谁挖到就归谁吗

在不久的将来，我们不仅可以将太空资源运回地球，还可以直接在太空建立加工工厂，甚至将破坏地球生态环境的工业迁往太空。

不过在此之前，我们得先明确，太空采矿是否合法，采到的矿产将归谁所有？

目前仅有两个国际条约提到过太空矿产开采问题：《外层空间条约》和《月球协定》。二者都认为，太空是属于全人类的，人们可以自由开采和利用月球及其他天体的资源。从中我们可以看出，确实是谁挖到就归谁。也就是说，如果我国明天在月球上挖出了几百吨镧的话，我们并没有犯法，并且这些镧都是我们的。

随着太空采矿事业的快速发展，许多经济问题也随之产生，最明显的问题就是所有权冲突。如果有多个公司宣称自己有权利开采某颗小行星，并在上面建立工厂，我们可以想象这些公司及其所在国家间将爆发的矛盾。事实上，这已不仅仅是资源开采问题了，它已逐渐成为地缘政治问题，没有国家希望其他国家成为某个星球或某项资源唯一的拥有者。

另一个大麻烦是垄断和随之产生的贫富差距。进入太空采矿行业的高成本，加上经济和法律制度不健全，会造成该行业史无前例的垄断。只有极少数人能把公司开到外太空，并建立连锁机构，其产出将成倍增长，或许到最后会发展成为一个比地球上任何企业都大数百万倍的公司。所以太空采矿业会将资本集中到少数人手中，加剧贫富差距。

不过这些问题都无法阻止人类瓜分宇宙资源的步伐，人类将会建立一个涵盖整个外太空的完整的经济制度和法律体系。到那时，太空中就将布满人类的开采基地，上面穿梭着各种忙碌的机器人，部分人类也将移居于此，负责维护生产设备和进行其他科学研究。

难忘太空生活的55个昼夜

文 | 玛莎·埃文思

（本文作者玛莎·埃文思，是美国宇航局前宇航员，其太空飞行经历充满神奇的色彩。她执行过多项任务，于2010年11月正式退役。）

当你离开地球家园时，所受到的那种情感上的冲击是无法预测的。你低头俯瞰地球，意识到自己已经不在地球上了，这种场景令人震撼不已。我先后执行过美国宇航局的5次航天任务，总共在太空中度过了55天。这些经历让我明白，进入太空飞行并不仅仅是一个令人震撼的瞬间，那种感觉既非常神奇，又无比平淡。它拥挤嘈杂，偶尔使人不舒服。在太空中旅行，至少用我们今天这样的方式进行，并没有我们想象中的那样刺激，却有着难以抵御的巨大诱惑力！

完全可以想象，当你在发射塔顶部坐着，身体下方堆积着3万多千克易爆的火箭燃料时，你该有多么紧张和忧虑。但实际上在你进入航天飞机等待发射的两个小时里，并没有太多的事情可做，许多宇航员只好打个盹儿来消磨时间。在飞行系统接受数千项发射前的检查期间，你如同一袋土豆似的被安全带绑在座位上。有时你不得不醒来回应地面指挥中心的询问，回答“知道了”或“明白”。但发射本身完全是另一回事，用8.5分钟从发射台到轨道，然后全程加速，达到2.8万千米/小时的轨道速度。

适应零重力状态

事实上，一旦你进入轨道，随之而来的零重力对身体有一定的好处。因为没有重力，体液朝头部涌去，让人体从根本上来了一个翻新改造，肚子变得扁平，觉得身体被拉长了，因为你长高了2.5厘米～5厘米。

然而零重力也会产生一些不利的影响，随着体液流向头部，你的头会痛得很厉害。身体在头几天需补偿损失的1升液体，因为我们基本上用不断撒尿的方法使头痛感消失，很多人会想呕吐。要使自己觉得更舒服，其中的一种办法是设法恢复“上下”的感觉，使自己的视觉系统确信“上”就是头部所处的位置，“下”则是脚所在的地方。当你能够这样做时，你就可以逐步适应零重力的状态。每经历一次太空飞行，这种对零重力的适应性就来得更快一些，因为身体会记住在太空中出现过的状况。等过几天胃部最终平息下来时，你才会开口问：“午餐吃什么？”

在任何一次太空飞行中，我吃得都不是很多。即使在地球上，我的饭量也不大，食物在太空中的味道变得与在地球上的味道完全不同。我曾经随身带了一块很大的巧克力，但吃起来感觉味道像蜡一样，很令人失望。但你不是为了品尝美食去太空的，无论是在航天飞机还是在国际空间站里，都没有办法做饭。太空食品都已经事先被煮熟，然后再进行冷冻干燥或真空包装。食用前加一点水，再放进烤箱预热。或者像军用速食食品一样，是一种热稳定食品。机舱里没有冰箱，无法保鲜食品，因此，在航天飞机上执行任务的初期，我们不得不尽可能地吃新鲜食物，通常是苹果、橘子和葡萄柚等水果。

奇特的睡觉方式

太空生活中最奇特的经历之一是睡觉，而这在地球上是再简单不过的事情了。

在航天飞机里，你可以将睡袋捆绑在墙壁、天花板或地板上。只要你喜欢去哪里睡，你就可以在哪里睡，就像露营似的。睡袋上设计了两个袖孔，你可以从中伸出手臂，拉起睡袋的拉链，接着将围绕身体的魔术贴扎带拉紧，使自己感觉被裹住了一样。然后你用另一根魔术贴扎带将自己的头部捆绑在枕头上——说是枕头，实际上就是一块泡沫，可以起到放松脖子的作用。如果你没有把手臂放进睡袋里，它们就会在你面前飘动。有时候早上醒来看到一只手臂在眼前飘动时，你心里会想："哎呀！这是什么东西？"直至你意识到，原来它是自己的手臂。

在执行航天任务的大部分时间里，我都睡在气闸舱里，它位于航天飞机乘员舱的中层甲板舱内。因为不进行舱外活动时，没有人会在那里工作，所以，气闸舱就像是我的私人卧室。它也是航天飞机里最冷的地方，温度只有 20℃左右。

我睡觉时自有办法，将手臂放进睡袋中，并且身上穿 4 层衣服。有时我会把一袋食物放进烤箱里，待加热后，将它像热水袋一样扔进睡袋里。在我进行第 5 次航天飞行的最后两个晚上，我把航天飞机的飞行甲板定点为睡觉的地方，将睡袋捆绑在位于飞行甲板顶部窗口下面的位置。航天飞机飞行到一定位置时，地球会出现在窗口，醒来后我惊讶地发现，整个世界赫然展现在自己面前，而且在那一瞬间，就只为我一个人。

轻松的太空旅行

在我看来，太空飞行最令人吃惊的事情是让人十分放松。当你在地球上时，你几乎无法切断和外界的联系，人们可以随时找到你。然而一旦置身于太空，你就能够真正做到远离人世了。你可以和地面进行通讯、发送电子信函，却没有太多需要排解的生活烦恼，比如说，有没有付清账单，有没有喂狗。我觉得这些日常琐事都停留在大气层里了，自己彻底从地球上解放出来。但是等我们返回地球时，所有的世俗琐事就会重新纠缠于身。

对于进入太空，我从未有过腻烦。每次回到地球时，我也从来没有极好的感觉。我的内耳在返回时会因为重力而变得不可思议的敏感。内耳能让人在地球上保持平衡，而它在太空期间基本上是关闭的。平衡感在刚刚回到地球时会消失，因此，每次回到地球，我都必须重新学习怎样在重力场里走路。如果我转动头部，我就会跌倒。在太空飞行时未使用的肌肉需要重新活动起来，以便帮助我掌握行走、站立和拿东西等日常动作。我可能需要用数天或数周的时间进行锻炼，才能够重新适应地球上的生活。

太空生活充满艰辛但又令人兴奋，它非常可怕但又有说不清楚的吸引力。我真希望能马上回到太空中去。

火箭是如何“站”起来的

文 | 段毓

世界上大多数火箭是垂直发射的，发射前，第一道重要工序便是进行垂直总装，也就是让火箭“站”起来。那么火箭是怎么“站”起来的呢？其实，火箭“站”起来的过程和搭积木有类似的地方，都要通过组装模块成型。

火箭用火车运输时，箭体的不同部分分别“乘坐”不同的车厢。到了发射场之后，各个部分再“下车”，然后进行吊装竖起。

发射架的固定平台是一座数十米高的金属架构，内有各种管路和电梯，供连接电路、加注燃料和人员上下。顶部有吊车，供吊装火箭用。我国的运载火箭是在发射架上组装，所以又设置了活动平台。活动平台是一个门形架构，可以固定火箭、为人员提供工作平台，火箭组装完毕后移开。

在吊装过程中，先用吊具将一级火箭起竖，然后在其周围捆绑安装 4 个助推器，且安装时遵照两两对称的原则，这样才能保证火箭的底盘“站”得稳。然后，把二级箭体吊装到一级之上，实现对接。大约要将 10 个模块竖起，并进行组装拼接。当火箭的最后一部分——船罩组合体与火箭末级对接后，一枚完整的火箭就“站”在了我们面前。

然而，“搭积木”只是用来类比火箭竖起的方式，实际的“站立”操作却远非搭积木那么简单。整个过程十分复杂和缓慢。每一级火箭的移动、旋转和吊装都必须小心谨慎、分毫不差，不同组件之间的对接更要精细，甚至不允许出现1毫米的误差。每完成一级对接，火箭四周的回转平台都要层层合拢，以保证火箭的稳定安全。

发射前1个小时，回转平台移开后，固定平台不再为火箭提供机械支撑，而支撑的任务由发射台上连接火箭尾部的数个爆炸螺栓完成。火箭点火后，推力增大到一定程度，螺栓起爆分离，刚刚还“站”着的火箭便向上飞去。

为什么火箭发射时都要倒计时

文 | 吕北客

火箭发射时使用倒计时初次出现并非科学家的发明，而是源自科幻电影的创举。

1929 年，德国电影大师弗里茨 · 朗在其执导的科幻电影《月里嫦娥》中，向观众首次呈现了一枚登月火箭发射升空的全过程。

由于影片中火箭发射前运送至发射平台的过程过于冗长，为吸引观众的注意力，营造“时间紧迫”的戏剧性气氛，电影特别安排了主人公在为火箭点火之前读秒倒计时的情节：随着屏幕上数字越来越小，其字体越来越大，直至巨大的“JETZT”（现在）出现，火箭腾空而起，升入云霄。倒计时这一情节设置，此后逐渐成为各类电影制造紧张氛围的有力工具，甚至可与定时炸弹这一传统电影道具相媲美。但真实的火箭发射也使用倒计时，并不是单纯向电影致敬，而是具有实用意义。

火箭发射时使用倒计时，真正的作用在于确认火箭发射的时间零点。如果把从火箭移上发射架到任务完成的整个过程以时间轴为数轴的话，那么发射的时刻就可以作为数轴的零点，或被命名为 T0。T0 时刻对于轨道计算十分重要，当火箭发射时，T0 时刻就会自动传输到所有的测控站。而在火箭发射前的任务规划中，在发射窗口（任务最佳发射时间）内确认T0，并确定发射前（用T-××时间表示）、发射后（用T+××时间表示）的程序设置，是整个规划的重中之重。

在规划完成后，负责火箭发射的所有部门就从T0倒推各项工序和部件的完结时间，并按各部门各自的归结时间继续前推。随后，火箭发射的各个部门在完成其任务时从数月、数周、数天开始不断归结，到发射前的数小时、一小时、半小时、一刻钟、五分钟、一分钟……直至指令员宣读T0之前的最后十个数，将全体工作人员的任务归结以最极端、最为具象的方式表现出来——这才是火箭发射倒计时的最完整体现。

各国在火箭发射倒计时的具体设置上也是有差别的。比如，中国的火箭倒计时是点火倒计时——以火箭点火时刻作为T0；而美国的火箭则是采用起飞倒计时——以火箭起飞时刻作为T0。造成这种差别的原因是，中国并未采用美国人普遍使用的牵制释放装置，火箭起飞与否全凭发动机的推力；而各个发动机的动作也不完全同步，这样火箭的起飞时间无法人工控制，所以只能倒计时点火，然后测量起飞时间。与之相对的，采用牵制释放装置的美国火箭起飞前被锁在发射台上，在起飞前的几秒点火，牵制释放装置会在火箭达到额定推力时解锁放飞火箭，火箭起飞的时间即为T0。由于牵制释放装置允许各个发动机在火箭静止状态下工作一小段时间，它可以消除不同发动机间推力不同步的影响，从而更精确地控制时间。值得一提的是，在发射窗口设立时间零点，并以此规划整个发射进程的制度设计，也是科幻作品最早创造的。

在凡尔纳最具预见性的科幻小说《从地球到月球》中，美国大炮俱乐部向麻省剑桥天文台咨询向月球发射炮弹并命中的可能性时，得到的答复如下：

一、大炮应设在南纬或者北纬 0 度至 28 度之间的地方。

二、炮口应瞄准天空顶点。

三、炮弹应具有每秒 12000 码（约 11 千米）的初速。

四、应于明年 12 月 1 日晚上 10 点 46 分 40 秒发射炮弹。

五、它将在射出后四天，即 12 月 4 日半夜，月球穿过天空顶点时到达。

以第二年的“12 月 1 日晚上 10 点 46 分 40 秒”为 T0，大炮俱乐部在全球募集资金，在美国佛罗里达州南部选定发射地点，铸造了前所未有的“哥伦比亚”大炮，并在开炮前一切准备就绪；唯一不同的，仅仅是指令员并未使用倒计时，而是按自然时间进行顺数计时：“35！ 36！ 37！ 38！ 39！ 40！ 开炮！！！”

莫奇生用手指揿着电闸，接通电流，把电火送到哥伦比亚炮炮底。立刻传来一阵从未听过的、不可思议的爆炸声，不论是雷声、火山爆发，还是其他的声音都不能形容其万一。像火山喷火一样，一道火光把大地的内脏喷上天空，大地仿佛突然站起来了，在这一刹那间，只有有限的几个人仿佛看见了炮弹从浓烟烈火之中胜利地劈开天空。

有意思的是，影片《月里嫦娥》的科学顾问，与俄国齐奥尔科夫斯基、美国戈达德并称为火箭设计先驱，出生于罗马尼亚的德国人赫尔曼·奥伯特，少年时代的科学启蒙书籍恰恰就是凡尔纳的《从地球到月球》。奥伯特为《月里嫦娥》设计的火箭模型，其外形与内部构造均对凡尔纳小说中的锥形圆柱体“炮弹车厢”有所借鉴。

奥伯特为电影设计的火箭不仅造型前卫，理念也与后来的真实火箭颇为接近：它使用液体燃料，并且是分级点火。不过这倒不算奥伯特的创举，比他早出生 400 年的同乡康拉德·哈斯就已经用火药爆竹实现了这一设定。正因为如此，齐奥塞斯库时代的罗马尼亚政府将哈斯定为“现代火箭的先驱”。

从美国宇航局“逃出”的技术

文 | 黄忻然

美国宇航局自从1958年成立以来，为人类的航天事业做出了很多贡献。为了探索宇宙，他们发明了很多高科技产品，也提出了很多怪异的想法，其中很多新奇的科技发明并没有作为机密封锁起来，而是“逃到”了民间，广泛应用于我们的生活中。那么，这些技术都是什么呢？

奶粉中的太空技术

“人是铁，饭是钢”，尽管宇航员在太空中吃不到美味的食物，但营养均衡还是需要保证的，因此，美国宇航局对太空食物的研究从未停止。而宇航员每一次被送上太空都要花一大笔钱，所以，如果所用的物品可以兼具几种功能，那就再好不过了，因为这样可以节省能源。正是基于这种能省则省的原则，美国宇航局希望开发出的太空食物也具备其他功能。

20世纪80年代，美国宇航局开启了一项名为“封闭环境生命保障系统”的项目，这个项目中就包含了开发一种特殊的太空食物的研究计划。他们与美国马泰克生物科学研究实验室签订了合作协议，并提出了要求——用藻类来制作食物。这种太空食物还具有三种功能——除了能吃，还要具备制造氧气和处理有机废物的功能。

然而，这种太空食物最终并没有被开发出来。有趣的是，一些参与该项目的科学家后来成立了马泰克生物科学有限公司，利用该项目的一些研究成果，开发出了生产营养添加剂的技术。如果你小时候曾喝过配方奶粉，那么你就曾受益于这项技术，因为很多配方奶粉中都添加了DHA。DHA被认为是人体中非常重要的一种营养物质，不过大多数人并未从每天所吃的食物中获得充足的DHA。这种营养物质在一些海鱼中大量存在，而这些鱼体内的DHA其实来自海藻。马泰克生物科学有限公司就是利用生产营养添加剂的技术，从海藻中提取出DHA的。

据统计，现在美国生产的99%以上的配方奶粉中都添加了DHA，其他国家的配方奶粉中绝大多数也添加了这种营养物质。这项最早起源于美国宇航局的技术，正在为全球大多数婴儿提供营养。

来自空间站的净水技术

在太空之旅中，水不仅携带起来比较麻烦，而且如何储存水也是一个问题，怎样才能让宇航员在太空执行任务时用上干净的水呢？

尽管水过滤技术在20世纪50年代就已出现，但是简单的过滤达不到美国宇航局的要求，他们希望找到一种能够在极端环境下实现净化水并能将其长期保存的方法。于是，美国宇航局进一步改进了水过滤技术，在水过滤器中放入活性炭，这些活性炭不仅能杀死水中的病原体，而且能抑制细菌生长，同时还能去除异味。

说到活性炭，很多人都不会陌生。在刚装修的房子里、新买的家具里放上几个竹炭包，可以吸附其中的有害物质。有些人家里还装了净水器，如果仔细观察，就能看到其中含有微小的炭颗粒——这就是活性炭。由于在其中加入了银离子，因此，它不仅能杀死水中的细菌，还能防止细菌滋生。而这种利用活性炭来过滤、吸附有害物质的方法，就曾用在美国宇航局的水净化系统中。

曾是宇航员座椅的床垫

20世纪60年代，美国启动了“阿波罗登月计划”。在各种实验中，宇航员乘坐飞船飞向太空和返回地面时，都承受着高速运动带来的痛苦，而巨大的颠簸更是让人难以承受。为了解决这些问题，美国宇航局委托发明家韦斯特·查尔斯发明了一种有效的减震物品。于是记忆泡沫诞生了，它是一种开孔式含硅聚氨酯塑料，能够将其承受的压力和重量平均分配到表面，从而减少剧烈颠簸和着陆时带来的巨大冲击力。这种记忆泡沫被应用在“阿波罗”系列载人飞船的宇航员座椅中。这样说起来，它还为“阿波罗11号”登月成功做出了不小的贡献呢。

经过改良，这种材料被应用到了更广泛的领域，其中最常见的就是记忆床垫，此外还有摩托车座椅、马鞍和装修用的隔层夹板，等等。现在一些飞机也在座椅中使用了这种材料，而在20世纪70年代至80年代，这种材料甚至还被应用到美国的达拉斯牛仔橄榄球队队员的头盔中，以保护球员的头部。

而在医疗上，它也发挥着重要的作用。记忆泡沫柔软舒适，在被压缩10%之后仍能恢复原状，因此，对于那些长期卧病在床的患者或身体严重残疾的人来说，它是很好的选择。它不仅能减少病人身体特定部位的压力，而且能防止褥疮的产生。此外，这种记忆泡沫还被应用到义肢中，因为它不仅从外部看起来像皮肤，摸起来也和皮肤相似，并且它还能减少义肢和关节之间的摩擦。

见识过浩瀚宇宙的图像传感器

在数码相机、手机、计算机等可拍照和摄像的电子产品中，有一项技术——图像传感器——就源自美国宇航局。图像传感器也称感光元件，是一种将光学图像转换成电子信号的设备。如果没有图像传感器，我们就无法用数码相机等电子产品来拍照或进行视频聊天。

事实上，手机、计算机等产品的拍摄功能最早是应用在数码相机上的，而第一个提出“数码相机”概念的，是美国宇航局喷气推进实验室的工程师尤金·拉利。根据这个概念，美国宇航局的科学家一直在研究开发体积小、重量轻、耐用的图像传感器，以制造出能够在太空极端环境中使用的产品。

起先，美国宇航局航天器的相机里，装配的是电荷耦合装置（CCD）图像传感器，这种传感器让人们不用再耗时费力地去冲洗胶卷。不过，尽管灵敏度高、分辨率高，但是CCD传感器也有缺点，比如成本高、耗能高、抗辐射性能弱。

后来，喷气推进实验室的埃里克·福萨姆和他的同事开发了CMOS主动式像素传感器。这种传感器虽然在分辨率上略逊于CCD传感器，但是它的反应速度更快、耗能更低、整合能力和抗辐射的能力更强、曝光控制方面更出色，此外它还有一个重要的优点——价格比CCD传感器便宜。1995年，福萨姆和他的同事创立了Photobit公司，这家公司得到喷气推进实验室的授权，成为第一家商业化生产CMOS传感器的公司。由此，

CMOS 传感器从美国宇航局走向了普通大众。

在这个数码时代，CCD 和 CMOS 这两种图像传感器都有自己的市场：CCD 传感器通常用于更专业的办公设备中，比如扫描仪、传真机、监视摄影机等；而 CMOS 传感器不仅兼具了 CCD 传感器的性能，还有自己的特点，它能应用于数码相机、手机、笔记本电脑等更平民化的电子设备中，也能用于专业的医疗设备中。

当我们在使用手机等电子设备拍照、视频聊天时，我们使用的很可能就是曾服务于美国宇航局的 CMOS 传感器技术。

曾为空间站服务的报警器

现在很多公共场所都安装了烟雾探测器，这种装置能在发生火灾时发出警报，为人们逃生争取时间。而这些烟雾探测器的前身曾服务于美国的第一个空间站——太空实验室。

20 世纪 70 年代，美国宇航局启动“太空实验室”任务，在为实验室做设计时，火情预警是必须考虑的。那么，如何才能快速让宇航员知道是否存在火情，或者是否有有毒气体泄漏呢？为了解决这个问题，美国宇航局与美国霍尼韦尔公司合作，开发了一款能自动充电的烟雾探测器，并装备在太空实验室中。虽然这并不是世界上第一款烟雾探测器，但它是第一款可调节的烟雾探测器，它具有不同的敏感度设置，可以防止误报火情。而参与开发的霍尼韦尔公司在他们投放到市场上的产品中也用到了这种技术。该项技术被越来越多的烟雾探测器的生产商使用，现在很多公共场所配备的烟雾探测器，其实都在使用曾经为美国宇航局航天事业服务的技术。

美发与美容中的航天技术

在我们的生活中，还有很多发明的灵感与美国宇航局有关。比如，美国的法鲁克系统公司的创始人法鲁克·萨米，受到美国宇航局的丹尼斯·莫里森博士的纳米陶瓷材料的启发，开发出了由陶瓷和金属复合材料制成的美发工具和纳米银制成的美发工具。烫过鬈发、拉直过头发的人在听理发师介绍时，或许就听到过“陶瓷”“纳米”这样的字眼，这里用的大概就是源于美国宇航局的技术。

另一项与我们的脸有关的技术也与美国宇航局有关。美国的生物学研究员罗伯特·康拉德发明了一种消灭暗疮的方法：通过加热的方式杀死引起暗疮的痤疮丙酸杆菌。而他最初发明的产品很笨重，制造成本也很高，这样的产品很难在市场上推广。要把这个产品做得更小，最好是能够让顾客手持，然后按摩脸部，那么就需要给它配备更小、更高效的加热元件。经过长期为美国宇航局工作的工程师艾伦·萨阿德的改进，康拉德的产品尺寸被大大缩小，成本也大大降低。最终这个产品不仅成功被推上市场，还受到了追捧，现在很多爱美人士经常使用这种美容仪。

以上这些只是美国宇航局发明中的凤毛麟角，从美国宇航局里“逃出”的技术到底有多少，这个很难说。要知道，自 1976 年以来，美国宇航局出版的 Spinoff 年册，每年都会介绍各种与其研究相关的商业化产品和技术，即使 40 年过去了，这本年册也还在出版。

我们生活中的太空技术

文 | 许晶晶

太空技术好像距离我们十分遥远。但是，要知道现在负责薯片装袋的，正是当年负责把“惠更斯”探测器轻轻降落到土卫六（土星最大的一颗卫星）的程序。把一片薯片完好无损地抛射到袋子里，需要精确计算它在重力作用下的飞行轨迹。总体来说，这和一个空间探测器进入外星大气层的原理并没有多大不同。

现在，让我们看看那些飞入寻常百姓家的太空技术吧。

耳麦

人类的太空探索并不总是一帆风顺的，宇航员格里索姆就有过不愉快的经历。1961 年，他在执行“水星”计划时，降落在海中的返回舱舱门脱落，开始进水下沉。糟糕的是，格里索姆根本无法求救，因为固定在舱内的通讯设备都泡在水里了。

经过这场灾难，从事空间技术的工程师们决定给每个宇航员配备独立的救生无线通讯设备，于是研发了可以同时收听并讲话的轻便耳麦——耳机和麦克风的简称。太空环境通讯系统就是在这种情况下被研发出来的，它成为登月宇航员与地球监控工程师们的通用装备。

今天，这一系统及其后续产品，在所有需要同时讲话与接听并腾出双手进行其他操作的行业里，都起着举足轻重的作用。

陶瓷刹车片

摩擦生热对于一架以25000千米／小时的速度返回大气层的航天飞机来说，是非常可怕的。与越来越稠密的空气摩擦，航天飞机机腹温度很快就会达到1650℃。为保护这一关键部位，空间学家为其覆上了一层以碳化硅制成的陶瓷防热盾。

碳化硅无与伦比的特质受到了工程师们的关注，因此，它也被用于汽车制动装置的改进。普通的刹车片是固定的轮胎上的弧形金属片，非常容易发热、磨损，日久天长就会报废。陶瓷刹车片耐磨损、不生锈，而且质量比钢材轻60%。

心脏泵

航天飞机的火箭发动机耗能巨大，每秒钟要消耗1立方米的液态氧和3立方米的液态氢。如何保证这些燃料的连续顺畅供应呢？这就要借助一种特别的涡轮泵。

装备于航天飞机的涡轮泵发明于20世纪70年代，转速可达每分钟3万转。而制造这类功率强大、性能可靠、体型袖珍的泵，正是心脏病专家乔治和迈克尔1984年时的梦想。他们的目的是创造一种人造心脏，可以在新的心脏植入之前，暂时代替那些丧失了功能的心脏。

好运从天而降：他们的一位病人戴维是空间技术工程师，他自告奋勇来帮助他们。但最后完成目标，还是花了他们近 20 年的时间。2003 年，这款简易（只有一个旋转件）但性能强大、每分钟 1.25 万转的心脏泵诞生了，目前已有 400 多名患者成为它的受益者。

燃料电池

航天器需要电能，能量从何而来？ 20 世纪 60 年代，在太阳能光伏板技术还没有取得突破的时候，空间技术的工程师们采用了一种非常大胆的解决方式：使用燃料电池。

燃料电池靠液氢与金属反应释放自由电子，形成电流，质量只有蓄电池的 1/5，这是航天工程师决定使用该电池的最大理由。此外，燃料电池还有一项非常重要的优点：化学反应产生的水可供宇航员饮用。

第一部燃料电池先后为“阿波罗计划”的 18 次飞行输送过电力，总运行时间达 1 万小时，没有出过任何故障。如今，耸立于高山之巅的信号中继站或是突然断电的医院，都使用来自燃料电池的能量。将来，燃料电池还将为普通家庭供电供暖，并终有一天会取代汽车与飞机的燃油发动机。

记忆床垫

如何让宇航员承受火箭加速上升过程中的巨大加速度（他们这时的体重是实际体重的 6 倍），以及航天器返回地球时，冲进海洋或地面瞬间产生的强烈碰撞与冲击呢？老办法：用垫子！

1971 年，空间技术的工程师们研发出一种特殊的泡沫塑料。这种泡沫塑料能在航天器加速时与身体曲线完美贴合，而在加速度消失后又恢复最初的形状与弹性。

这种新材料一经推出，立刻吸引了家具生产企业的目光。经过瑞典一家家具公司的改进，记忆泡沫被制成各种各样的床垫、枕头、靠垫，让广大普通消费者受益。

净水器

太空从不下雨，要维持宇航员的生存，就必须花费巨资用火箭将水送到太空。为何不在航天器中安装一种装置，循环每一滴珍贵的水，使其变得可以饮用呢？

这种装置自然也可以为地球上缺少饮用水的人们带来福音。空间技术的工程师们就发明了一种将宇航员尿液转化成饮用水的机器。水安全公司又将其改造成在地球上也可使用的装置。正是由于这种装置的横空出世，多米尼加共和国圣胡安省萨瓦那的居民才得以喝上清洁的饮用水——要知道，这个地区的水源早被杀虫剂和粪便污染得一塌糊涂。

隐形牙套

隐形牙套戴在牙齿内侧，根据牙齿的受力点、承重点等各个方面的改变来矫正牙齿的，由于粘在牙齿里侧，看起来就跟没戴矫正器一样。

隐形牙套的材料多晶氧化铝是由美国航天局制陶研究中心研制出来的，它最初被用在热能追踪导弹上。利用半透明多晶氧化铝制成的隐形牙套，被广泛用于矫正牙齿，它比传统的金属丝要美观得多，所以深受青少年的欢迎。

无菌室

创建无菌环境，原本是用于确保宇航员在空间站里能呼吸到洁净空气的航天高科技方法，现在已经被用来在医院中“捕杀”和“清除”微生物，如真菌、细菌、孢子和通过空气传播的病毒。

而且，当发生紧急情况时，利用这项技术也可在医院以外的场所营造出一个无菌室，从而满足医院医治那些身患免疫系统疾病的病人的特殊需求。

核磁共振成像仪

当 NASA（美国国家航空航天局）准备“阿波罗”登月计划时，研发出了一种被称为“数字影像处理”的技术，使月球的照片经计算机的处理后效果得到了增强。此技术后来即成为美国地球资源探测卫星辨别地球表面特征的重要基础技术。

而在医学上，这项技术则被发展为磁共振成像（MRI）的数字影像处理技术。

在太空里该用什么笔写字

文 | 《科普童话》编辑部

在太空里该用什么笔写字？

如果你的回答是“铅笔”的话，那我知道了，你一定听过以下这个故事：

美国航天部门准备将宇航员送上太空，但他们很快发现，宇航员在失重状态下用圆珠笔、钢笔根本写不出字来。于是，他们用了 10 年时间，花费了数亿美元，想尽办法要发明一种在太空中也能出墨水的圆珠笔，结果一无所获。最后还是一位小学生提了一个建议，才解决了这个问题——在太空中用铅笔写字，就没有不出墨水的问题了。

这个故事想告诉人们，有时候看上去很复杂的问题，其实有极简单的解决办法，只是大家没有想到。然而，这个故事究竟是不是符合科学原理呢？

真相是：早期的宇航员确实在太空中使用过铅笔，但这并不是因为接受了小学生的建议，而是因为在测试中，科学家已经发现钢笔、圆珠笔在失重条件下不出墨水，铅笔是唯一的选择。

不过，在太空中使用铅笔时，也有很多缺点。比如，如果写字时用力过大，铅笔的笔芯就会折断。这些碎渣会在失重的环境中飘浮，可能飘进宇航员的鼻子、眼睛中；如果飘进了太空船上的电子设备里，还会引起短路——因为做铅笔芯的石墨是能导电的。此外，铅笔的笔芯和木屑在纯氧的环境中很容易燃烧起火，非常危险。

于是，圆珠笔的发明者保罗·费舍尔花了两年时间和约 200 万美元，于 1965 年研制出了能在太空环境下使用的圆珠笔——太空笔。它的原理是，采用密封式气压笔芯，上部充有氮气（因为氮气是不活跃气体，一般条件下不会助燃）。靠气体的压力把油墨推向笔尖。这样，哪怕在失重的宇宙空间里，这种笔也能写出字来。

经过严格的测试后，太空笔被美国宇航局采用。1967 年 12 月，费舍尔以每支 2.95 美元的价格，把 400 支太空笔卖给了美国宇航局……真的，很便宜！

1969 年 7 月 20 日，是太空笔最辉煌的日子。

它不但参加了著名的“阿波罗登月计划”，跟随阿姆斯特朗和奥尔德林登上了月球，而且还救了他们的命！原来，当阿姆斯特朗和奥尔德林在月球表面完成历史性漫步、回到登月舱准备离开时，发现发动机的塑料手动开关被宇航服的背囊碰断了！幸运的是，经过检查，他们只需要拨动开关中一个细小的金属条，就能排除这个故障。但此时为了减轻重量，他们已抛弃了所有的工具。情急之下，地面指挥中心的一名工程师灵机一动：“快看看你们谁身上带着太空笔？”最后是奥尔德林掏出太空笔，缩回笔芯，用笔管拨动了开关，成功地启动了登月舱的发动机，才使这两位登月英雄化险为夷。

太空笔不但在太空中屡建奇功，而且还可以在其他各种极端恶劣的环境下使用。寒冷的高山，深海的海底，很快都成了它发挥本领的地点。即便在油污、潮湿、粗糙或者光滑的表面上，人们也可以用太空笔流畅地书写。一支笔的使用寿命甚至长达几十年。因此除了宇航员之外，它还深受登山运动员、户外活动者、技工、士兵、警察的欢迎。目前在美国，8美元即可买到一支物美价廉的费舍尔太空笔。

所以,下一次你可不要轻易相信“太空中写字用铅笔”这样的传言了哦!

为啥客机大多是白色的

文 | 润语

更多色彩 = 更多耗油

对一架飞机进行彩色喷漆的费用在 5 万 ~20 万美元之间。同时，整个喷涂工作需要耗费 2 周 ~3 周的时间，这段时期也会影响收入。以波音 747 为例，装饰 747 整机需要至少 250 千克涂料，而整机抛光的喷漆重量只需要 25 千克。以英国易捷航空公司为例，仅使用更为轻薄的空气动力机身涂料就为公司节省了整整 2% 的运营成本。航空公司一年的燃料费用约为 12 亿美元，那么 2% 意味着节省了约 2240 万美元。

彩色飞机转售价格低

由于机身颜色不是白色，意味着买家需要重新喷漆，这会导致机身更重，所以，使用白色以外的机身颜色会对飞机的转售价格造成负面影响。

通常选择购买而不是租赁飞机的航空公司，会使用长期贷款来支付飞机的费用。在市场竞争如此激烈的当下，这可谓是一笔巨额投资了。所以，当公司的运营状况变差时，他们可能想要转卖或自行出租他们的飞机。

白色有显著的控温优势

白色能够反射光的所有波段，所以，光能不会被转换为热能，而其他颜色会吸收光的多个波段并将其转换成热能，这会导致物体变热。

在大多数情况下，白色保持机身温度低只能算其中一个优点。但对于"塑料"飞机（使用复合材料制造的飞机）而言，一些机体要求在表层必须使用白色，以保证材料内的某些元素在极限条件内保持稳定。早期"钻石飞机"公司设计的飞机，有一个室外温度不得高于 38℃的限制条件，在高于这个温度时，这些飞机的主翼结构坚固性就会有变化。

而对于协和式飞机而言，它必须使用一种特殊的、高反射的白色涂料，以减轻飞机在速度超过 2 马赫时由摩擦所引起的极端热效应。

这可能是白色成为飞机标准色的原因。

白色不容易褪色

一架飞机在它整个飞行生涯中会进行数次喷漆，从性价比来看，每次喷漆的间隔时间当然越长越好。如果你并不担心油漆褪色或是你的飞机看起来年代久远，你可以延长喷漆的间隔时间。

所有的有色涂料暴露在太阳和空气中后，都会面临褪色的问题。尤其是当被暴晒在 9000 米的高空中时，相当数量的紫外线辐射加速了整个褪色过程。白色在经历长年累月的风吹日晒之后仍能保持良好的外观，而深色褪色、老化得更快，飞机漆面剥落后的斑驳外观也十分可怕。

良好的能见度

另一个使用白色外壳的原因是可见度。这里的可见度并不是指飞机能在天空中被看见，而是指机身上的锈蚀、裂纹、机油泄漏等危险信号的可见度。白色是显示这些信号的最佳底色，所以从安全角度出发，白色是最方便操作维修的。

在坠机事件发生后，白色飞机可以很容易在水中或是地面上被发现。同时，在黑暗中，白色飞机也比较容易被发现。

飞机舱门暗藏玄机

文 | 司 羊

飞机舱门一般采用的是内嵌式门。内嵌式门利用了不同的压强差保持锁定状态，这就意味着如果存在着明显的气压差，门就不会被打开。机舱内的压强会比机舱外高，飞机内的压强会将机门牢牢地“压”在门框内。

也许有人会想，这么大的压力压在门上，如果从内往外推，不是很容易开门吗？这个顾虑是多余的，因为舱门的开启方法是首先要往内推。这就意味着如果你想拉开一扇门，得先战胜这些压强。

专家计算，飞机在通过平流层时，机舱内的压力为 0.8 个大气压，而机舱外只有 0.2 个大气压，机舱门会受到内外 0.6 个大气压的压力，这相当于 1 平方米的面积上压着 5370 千克的质量，而世界上最厉害的举重运动员也举不到 300 千克的重量，这就意味着几个人的力量根本推不开门。此外，门在设计上还会比门框大，防止飞机门从外面被打开，或者因机舱内压力减小而被外面的压强打开。

假如飞行中门被打开了，会发生什么？如果飞机的大门突然被打开，因为飞机舱内的大气压较高，而舱外的大气压较低，舱内与舱外直接接触时会发生爆炸式减压。

这时，最先倒霉的是那些在门口附近的人，他们会被强烈的压力差吸走，忘了系安全带的人会被甩出去。任何试图去关机舱门的人都将被气流带走，唯独客舱内系好安全带的乘客命运可能会好点。在机舱缺氧的情况下，客舱顶部的氧气罩会自动降下。

同时，舱内的温度会很快下降到冰冻水平。飞机正常飞行时的巡航高度大约在9000米上空，这个高度的零下57摄氏度气温和每小时800千米的风速，会导致人体快速冰冻。因此，在高空中飞机爆炸式减压是致命的。

GPS 的定位奥秘

文 | 冯迪韦恩

当你打开手机寻找附近的四星好评以上的餐厅或者用手机系统自带的地图搜索一个陌生的地点时，都会出现一个提示——是否要打开手机的 GPS 定位功能。这项功能使手机直接与天上的卫星联络。在确认打开这项功能后，搜索开始了……

GPS 是全球卫星定位系统 Global Positioning System 的简称。GPS 实际上是一个卫星群，由 27 颗在地球轨道上运行的卫星（24 颗为工作卫星，另外 3 颗为备用卫星）组成，它向全球各地全天候地提供三维位置、三维速度等信息。GPS 最初的设计是出于军用导航和收集情报等军事目的，但很快这一系统就开始提供民用服务，比如汽车导航、智能手机定位等。

GPS 是怎么定位的呢？为了能快速理解 GPS 的定位，我们先从二维平面的测量法说起。

请问我在哪儿

设想一下，现在你正身处异地 A，人生地不熟，完全迷路了。于是你找到了一位友善的当地人问道：“请问我在哪儿啊？”

他回答说："这里是距离B大约1000米的地方。"虽然数字看起来很精确，但是到B的距离为1000米的地方多得是啊。

于是你又问了另一个人，他回答道："这里是距离C大约2000米的地方。"现在你知道A是以1000米为半径的圆B与以2000米为半径的圆C的两个交点中的一个，但具体是哪一个，你还是判断不出来。

你还得再问一个人，他回答道："这里是距离D大约500米的地方。"这样你就能确定自己是两个交点中的哪一个了，因为第三个地方的范围只会与这两个交点中的一个重合。

请问卫星，我在哪儿

我们把这种通过问路判断位置的方法叫作"距离交会法"。现在我们不是问几个人，而是让手上的GPS接收器"问"我们头上的几颗卫星，来确定我们所处的位置。

GPS的24颗工作卫星按照特别设定的轨道，绕着地球运转，任何时候、任意地方至少有4颗卫星在我们头顶上。而GPS的任务就是确定这4颗卫星的位置和各自到我们位置的距离，推算出我们所在的位置。

想象一下，我们位于地球的某一点A，而天上有3颗卫星，分别是B、C、D。

B、C、D这3个点的位置是已知的，下面来求A点的位置。

当你站在A点，知道与B之间的距离为R1，而与B的距离为R1的地方是以B点为球心、半径为R1的一个球面，你所在的A点就是该球面的某一点。然后，你知道你与C的距离为R2，与C的距离为R2的地方是以 C 点为球心、半径为 R2 的一个球面。这两个球面是相交的，相交的地方形成一个圆（想象一下，两个泡泡相交所出现的一个圆），而你所在的 A 点可以是这个圆上的任意一点，这时你还是不知道自己在哪个地方。接着你又知道了自己与 D 的距离为 R3，这样就又产生了以 D 点为球心、半径为 R3 的一个球面，这个球面和上述的圆相交于两点，其中的一点就是 A，另一点是 A1。

你究竟是在 A 还是在 A1 呢？这两点中的一个点必定是地球上的某个位置，而另一个点必定是在太空中。你不可能在空中，那么你的位置就确定了。

理解了空间交会定位的原理之后，我们就可以看看 GPS 是怎么工作的。

当你打开 GPS 接收器来确定位置时，天上的卫星会对 GPS 接收器发出一长串信号，这串信号包含很多信息，其中最重要的是星历数据。星历数据主要记载了卫星在某一时刻的位置、速度等各项参数，能告诉 GPS 接收器是哪颗卫星、在什么位置。

那么 A 点距离各颗卫星有多远呢？这时你需要一个公式：距离 = 速度 × 时间。一定不要忘记，这可是关键公式！

距离等于速度乘时间

在这个公式中，速度就是无线电波传播的速度——30 万千米 / 秒。

时间呢？

我们再来看看卫星发出的信号，里面还包括了一串 ID 代码，叫作伪随机码。在生产 GPS 接收器时，人们会把每颗卫星的伪随机码输入到 GPS 接收器里。那么，这两套相同的代码就可以进行时间差的比较了。

假定 1 时整卫星发出一串伪随机码，1 时零 8 秒 GPS 接收器收到这串代码，GPS 接收器将这串代码跟自己存有的伪随机码进行比对，发现这串代码的形状对应的是 1 时整的形状，那么 GPS 接收器就知道这串代码在空中传输了 8 秒钟。

这时，也许你会问：“卫星的代码和 GPS 接收器的代码在任何时刻都是完全一致的吗？”是的！因此，这里还有一个要求，GPS 接收器上的时钟和卫星上的时钟应该是完全一致的。

卫星上装置的原子钟是十分准确的，而且经常由监测站进行校准；而 GPS 接收器用的是普通的石英钟，所以使用时需要根据标准时间进行校正。卫星发送导航信息的同时，也发送时间校正信息。一般说来，我们还需要第 4 颗卫星来传送校准时间的信息。

你还记得这个公式吗？距离 = 速度 × 时间。速度知道了，时间也知道了，一相乘就可以得到距离。

这时，我们已经知道了几颗卫星相对于地球的位置，还有我们与各颗卫星的距离，再利用空间距离交会法进行计算，就得到我们所处的位置了。

你找到你所处的位置了吗？

把鸡改造成恐龙

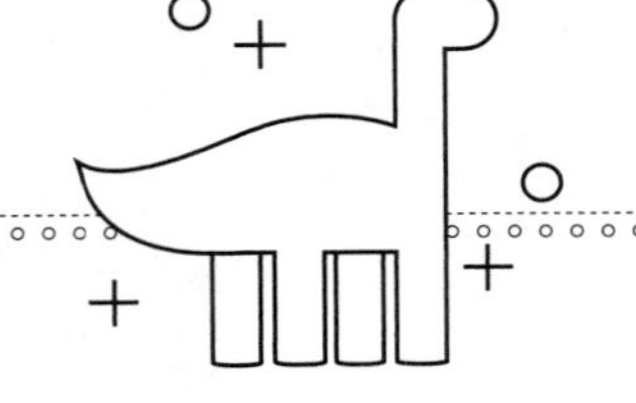

科学家们正在努力把鸡通过基因改造的方法培育成恐龙。或许十几年之后，我们在花鸟市场上就可以买到宠物恐龙了。

——阿碧《把鸡改造成恐龙》

『原子大炮』的理论，听起来相当令人振奋。这似乎就是在说，人类可以不断地找到新元素了，这话或许只说对了一半。

——馒头老妖《元素周期表，这下就填满了》

我们身上那些没用的玩意儿

文 |Nunatak

为什么我们会长智齿？为什么我们有阑尾？因为进化是一种草率而又随意的过程。细看一遍你的全身，你会发现一些没用的残留物，比如，鸡皮疙瘩、第三眼睑、耳郭肌。

想象一下，黑暗中一个小女孩站在你身后，眼窝深陷、面如僵尸，直勾勾地盯着你的后脑勺等你转过身来陪她玩耍。你是否感到后脖颈一阵发冷甚至四肢发麻？

你应该知道“鸡皮疙瘩”，它们不仅在我们感到寒冷时出现，当我们不寒而栗时也会出现——比如听一首悲伤的歌曲或目睹一场惨重车祸。

人为什么会起鸡皮疙瘩呢？鸡皮疙瘩使动物毛发竖起的主要作用有二：一是让其身形看上去庞大，以使捕食它的动物因此而退却；二是御寒，当我们的祖先感到寒冷难挨时，他们的毛发就会竖起，阻止冷空气靠近皮肤，所以鸡皮疙瘩相当于一种隔离装置。

大多数全身长毛的哺乳动物仍然具备这种能力，可它对我们来说已经没用了。

没错，你还有第三层眼皮，这也是一种进化遗迹。看到内眼角里那点粉红色没有？找个镜子照照看吧！

实际上，这被称为“瞬膜”，是鸟类、爬行动物、两栖动物、鱼类和一小部分哺乳动物都有的一种半透明眼睑。

它至少有一部分是透明的，不仅可以随着眼球转来转去并对其起到保护作用，还可以使其保持湿润。这也就是汽车为什么有挡风玻璃的原因。

要是你想亲眼看看这第三层眼皮是怎么起作用的，去观察一下小猫、小狗吧，它们在睡觉时有时就会露出第三眼睑，附着在眼球上起到挡光的作用。

至于我们人类嘛，膜一类的东西显然都已无用。自我们开始丧失这一功能时起它就只被用来排眼屎了，还有就是在比试谁不眨眼时间最长时能起点儿作用。

你能动耳朵吗？如果能，那么你就拥有了85%的人都不具备的能力。

控制耳朵摆动的肌肉是位于外耳周围的耳郭肌，除了能让你在朋友面前一显身手外，它们基本没多大用处。

但也并非一直如此。早前多亏有了耳郭肌，人类的耳朵才会有众多难以置信的功能。

原始人曾习惯靠耳朵辨识声音的方位，但由于后来人类更倾向于群居，便逐渐丧失了这种能力，打那以后集体视线成为主要防线。

如果在你身上还能找到阑尾和智齿，那你就算是个幸运儿了。人一生中患阑尾炎的几率为7%，拥有至少一颗阻生智齿（智齿因长不出来挤到外边的牙齿）的几率高达85%，而这两种情况都需要动手术才能解决问题。

那么，人为什么会有智齿和阑尾呢？其实二者同为人类的退化器官。

原始人类多以绿叶植物为食，咀嚼树叶相比咀嚼肉和面食要困难得多，需要更多的牙齿分担负荷，尤其是在原始人饭量又很大的情况下。

阻生智齿引起牙列不齐和牙周发炎的原因在于，随着人类食物的日益精细，人类的下颌骨慢慢退化，从而造成牙齿生出的空间不足。

而阑尾则被普遍认为曾有助于原始人类对所食用的绿色植物进行消化。它是盲肠的延伸部分，食草动物的阑尾比食肉动物大得多的原因就在于，食草动物需要阑尾对摄入的大量纤维素进行分解。

由于我们不再需要这部分功能，因此阑尾已退化成形如蚯蚓的细长条。不过这个看法只是诸多解释之一。

实际上，人们未对阑尾做过太多研究，原因还用说吗——根本没有人在乎它的作用。

吃东西会改变皮肤的颜色吗

文 | 赵奕

我们经常会听到这样的故事或报道，某些人在大量摄入某种食物或化学物质后，皮肤颜色出现了不同程度的改变。而这些故事中，最常出现的食物之一就是胡萝卜。

这些说法有什么道理吗？如果确实是这样的话，有没有其他的化学物质，会对我们的皮肤产生类似的效果？

答案是肯定的。

橙色的皮肤

一个广为流传的例子是，某人在吃了大量的胡萝卜后，皮肤会变成橙色或黄色。因为胡萝卜中含有一种被称为“胡萝卜素”的化学物质。

纯胡萝卜素的颜色是深橙色的，它溶于油而不溶于水。如果它被人体内的脂肪储存起来，就有可能把人的皮肤变成橙色或黄色。

如果你想通过吃胡萝卜来刻意改变自己的肤色，这确实是可以实现的，但效果并不理想，因为你的皮肤就像是患了黄疸症的人的皮肤一样，用科学术语来说，这是“胡萝卜素血症”或“皮橙色病”。

胡萝卜素血症是由于胡萝卜素在皮肤中的沉积造成的，所以，在血液流动较慢的地方，会首先出现皮肤变黄的状况，最常见的就是手掌和脚掌。随着胡萝卜素的逐渐增多，其他部位的皮肤也会逐渐变黄，最终有可能全身变黄。如果症状严重，胡萝卜素血症可能有致命的危险，但这种情况非常罕见，该症导致的最新病死案例出现在 1972 年。

胡萝卜素血症从发现到现在也有 100 多年的历史了。1907 年，科学家在研究糖尿病时，就发现某些特殊食谱患者的皮肤会表现出橘黄色色素沉积。在“一战”和“二战”期间，这种病比较常见，因为那时肉类食品短缺，食物以植物（包括大量的胡萝卜、木瓜等黄色或橘黄色蔬菜水果）为主，长期进食这类食物，就容易引发胡萝卜素血症。

其实不光我们熟知的胡萝卜、橘子等，只要是含胡萝卜素或者类胡萝卜素成分多的水果，都有可能会引发食用者患胡萝卜素血症。在西非，胡萝卜素血症是地方病，因为当地人经常食用富含类胡萝卜素的棕榈油。

西红柿含有大量的番茄红素，番茄红素是类胡萝卜素的惰性同分异构体，它的新陈代谢过程也类似于胡萝卜素，其色素沉着要比胡萝卜素血症颜色深，偏重于橘黄而非黄色。

蓝精灵出现了吗

2013 年，美国 62 岁的男子保罗·卡拉逊因自己的肤色而名声大噪——他的皮肤是蓝色的。

其实，卡拉逊原本与一般人一样，拥有正常的肤色，但在十几年前，为了治疗脸上的炎症，他开始服用一种号称有杀菌及抗菌效果的“药物”，还将这种“药物”直接涂抹于脸部。这么多年下来，“药物”产生的副作用让他的肤色变为蓝色。

由于肤色变蓝，其长相又酷似《蓝精灵》里的蓝爸爸，卡拉逊因此获得了“蓝爸爸”的称号。

导致卡拉逊变成蓝精灵的“药物”叫作“胶体银”，也被称作“纳米银”，能释放出银离子。银是一种重金属，微量的银离子能够使细菌的酶蛋白失活变性，从而起到杀菌作用。现代医疗中，有防治新生儿眼炎的硝酸银滴眼液，有用于烧伤创面消毒的硝酸银软膏等含银药物。

由于胶体银中的纳米银粒子具有很大的表面积，只需要很少量的纳米银粒子，就能长期维持局部的低浓度银离子存在，因此，在衣物抗菌、器具表面抗菌方面，胶体银有显著的作用。美国一度兴起了使用胶体银的热潮，那时很多广告将它描述为“灵丹妙药”。

卡拉逊就是在这些广告的影响下，长期在脸部涂抹胶体银的。久而久之，他的脸部皮肤吸收了大量银离子，在光化学作用下，银离子在皮肤中变为金属银颗粒和硫化银颗粒并沉积下来，从而使皮肤变蓝，这种现象被称为“银质沉着症”。由于银的化学性质比较稳定，这些黑色小颗粒一旦沉积，就几乎不会消失。这虽不会严重损害人体健康，但卡拉逊再也找不回正常的肤色了。因此，皮肤变蓝后，他就不再喜欢出门了。

其实，胶体银的医疗作用从来没有被科学证明，卡拉逊长期涂抹的胶体银虽然对人体无害，却也没什么用处。

谁变成了红色人

在另一个案例中，有一个人的肤色变成了红色，原因是他在一天内饮用了 8 升饮料，这种饮料叫作 Ruby-RedSquirt。因为这个人对溴极其敏感，而恰巧在 Ruby-RedSquirt 所使用的植物油中，就含有微量的溴。所以很不幸，他的皮肤变成鲜艳的红色，这种症状被称为“溴疹”。

还有一个类似但情况更严重的案例，有个人在喝了 2 升 ~4 升的饮料（含有溴化植物油，但属于正常含量）后，不但皮肤变成了红色，还出现了震颤、极度疲劳、记忆力丧失、头痛、肌肉的协调下降和右眼皮下垂等症状。

医生用了两个月的时间才找出病因。不过这个病人当时就已经丧失了走路的能力。而若要清除掉体内的溴，就必须进行血液透析。

屁能被点着吗

文 | 瘦驼

一个人一天要放屁8次～20次。人的屁中含有一些可燃气体，例如氢气和甲烷，那么，屁到底可不可以被点燃呢？

屁的成分是什么？出乎你意料的是，其中99%的成分都是无味的。这些气体包括氢气、甲烷、二氧化碳、氮气和氧气。其中的氮气和氧气均来自饮食时随着食物团被咽下的空气。剩下的3种，要感谢肠道细菌的贡献。

在肠道细菌产生的3种气体里，有两种是可燃的，其中甲烷的名气最大，因为从几年前开始，人们就把全球变暖的一个原因归咎于牛羊排出的大量甲烷。的确，牛羊等反刍动物的消化道内，有大量可以分解纤维素的细菌，它们在帮助牛羊充分吸收利用食物的同时，会产生大量的甲烷。但人不是稳定可靠的甲烷生产者。研究发现，有的人就不会产生甲烷。

屁里面有氢气，这就高端大气了。毕竟，氢气是可预见的、未来对人类很重要的、新能源的希望所在。实际上，确实有科学家在尝试用污水和细菌来生产氢气，再进一步做成生物燃料电池。

其实不只是屁，你呼出的气里也有氢气——肠道里产生的一部分氢气被吸收进血液，然后经过肺循环被排出来。氢气呼气检测经常被用来检查患者的肠道功能。

有氢气，还可能有甲烷。理论上，屁确实可以点着，那么它能有多大量呢？据研究，每个成年人每天的排气量是0.5升～2升，排量真不算大。加州大学伯克利分校的科学家在1982年发表了一篇研究性论文。在这个研究里，他们招募了5位男性志愿者，对其臀部进行了仔细的脱毛，然后在其肛门处粘上了腹壁瘘患者使用的粪袋。粪袋经过改装，用管子和一个气体收集装置相连。类似的方法还被用来研究狗屁，是真的狗屁。

在肠道产生的气体中，大约一半是可燃的氢气和甲烷。这样算来，往多了说，每人每天产生的氢气为1升，燃烧这些氢气产生的热量大约是12.6千焦耳，这大约相当于0.0035度电。收集300人的屁，理论上大约能让广告中宣传的一晚上耗电1度的空调工作一夜。或者，直观地讲，一瓶500毫升的可乐含有的热量是900千焦耳，喝了可乐，你的气体排量会有明显的增加，但增加的部分都是二氧化碳。

大家也许都有这种体会，一个人的排气量的变化幅度还真是挺大的，这主要跟你的饮食有关。很多人都有乳糖不耐受现象，如果一次喝下过多的牛奶，这些人很快就会腹胀腹泻。腹胀的原因是这些人没法消化乳糖，就原封不动地把它们送给了肠道细菌，肠道细菌将其分解成一些小分子，同时产生氢气、甲烷和二氧化碳。不但是乳糖，果糖、果胶、木聚糖等膳食纤维，也会让肠道细菌产生更多的氢气。

绕了一大圈，在现实生活中，屁到底能不能被点着啊？迄今为止，最可信的点屁实验是科学节目《流言终结者》做的。他们的团队为此还专门制作了一个类似妇科检查床的东西。虽然“有屁不放憋坏心脏”，可是，没屁硬挤也不是一件容易的事。最终，试验者亚当成功地在高速摄像机面前，在他的臀部制造了一些小小的火焰。这个实验并没有在日常节目中播放，而是在一些场合作为片花被公开出来。

必须提醒大家，请不要模仿这个实验，不是怕你炸掉什么，而是担心打火机或者其他火源引燃你的裤子或者毛发。

总的来说，一天 1 升氢气是微不足道的。不过还是有人对此表示担忧，他们是航天工作者。毕竟在宇宙中，航天器的空间既狭小、又密闭，长久待下去，如果不加以处理，这些可燃气体还是会带来安全隐患的。比如我国的天宫一号，它的体积大约 15 立方米，如果 3 名航天员每人每天产生 1 升氢气，200 天后，里面的氢气浓度就会达到爆炸极限。

为此，科学家一方面研究如何清除这些危险气体，另一方面，研究如何通过改变饮食来减少这些气体的产生。我想，航天员在天上恐怕很难吃到盐水煮毛豆或者凉拌水萝卜吧。

人类为何不冬眠

文 | 陈 嘉

动物冬眠的一个最明显的原因就是躲避寒冷。恶劣的环境、少得可怜的食物让它们不得不睡上一整个冬天。

许多动物夏天都会增胖，为冬眠储备足够的脂肪。

动物冬眠其实是一个节能的过程，它们的身体机能减慢，呼吸、体温、新陈代谢和心率都会下降。同时，动物更多是因为要躲开捕食者才冬眠的，因为冬眠的存活率接近 100%。另外，捕食者为了生存下去，不得不寻找替代的猎物，这意味着冬眠影响了整个生态系统的工作。

人类为什么不冬眠？最重要的一点是，我们人类似乎已经失去了一些关键性的能力，比如，我们的心脏在太冷的情况下是无法正常工作的。

人类的心脏会对钙产生收缩反应，如果钙太多的话，最终结果就是心脏骤停。在一定的温度下，人的心脏不能去除多余的钙，因此，当体表温度在零下 28℃以下的时候，人类的心脏就会停止工作。

相比之下，冬眠动物的心脏即使在零下 28℃的环境下也能继续跳动，因为它们的心脏能去除多余的钙。

我们生活的地区的天气和食物供应决定了我们不需要通过冬眠来躲避恶劣的环境条件。而同样重要的一点是，人类是顶级的捕食者，可以对付比自己大得多的猎物，我们也没有通过冬眠来躲避天敌的需求。

另外，我们的体积有点大，冬眠的动物体形通常都很小，平均体重在 70 克左右。当然，这个规则也有例外，熊就是最特别的，不过，它们不像其他动物一样进入深度冬眠，其体温下降的幅度也不大，因为它们需要很多能量来维持身体的体温。

需要提到的是，冬眠带来的并非全部都是益处。比如，动物在冬眠时，其免疫系统是不工作的，因此会有感染病菌的风险。此外，冬眠似乎也会影响动物的记忆，经过迷宫训练的睡鼠在冬眠之后，会完全忘了它曾经学到过什么。

假如没有啤酒，人类还住在洞穴窑

文 | 张 渺

来一杯啤酒吧，喝的时候请保持敬意：因为如果没有这种冒着气泡的液体，也许我们现在还住在洞穴里！

在漫长的人类历史上，发生在1万年前的农业革命是重要的转折点。当时，一部分人类决定告别以狩猎为生的游牧生活。他们离开洞穴，住进房屋，开始耕种大麦。这批人创造了人类的第一个文明——美索不达米亚文明。

接下来的问题是：这件事是如何发生的？

“种植大麦是为了酿造啤酒！”在探索频道的《啤酒是如何拯救世界的》节目中，食品科学家帕特里克·海耶斯如此表示。多年来，专家们认为大麦是用来做面包的。

按照发酵学家汤玛斯·肖汉默的说法，生活在美索不达米亚地区的原始人发现酿酒之法应该纯属意外。当时，采集野生大麦的处于狩猎文明阶段的原始人，无意中把一些盛放大麦的容器敞着口放在露天的地方，遇到了恰到好处的雨水，接下来就是见证奇迹的时刻——大麦发酵了！

数百万年的进化史中，人类从未尝过酒的滋味，突然一陶罐下肚，生活变得有趣多了。于是，人类开始种植大麦。海耶斯指出，人类使用谷物制造酒类饮料已有8000多年的历史，比制作面包早了3000年。《黄帝内经》中记载的醪醴，正是中国古代的啤酒，醴在中国一直流行，直到被酒精度数更高的黄酒取代。

如果你以为这种被称为“液体面包”的神奇饮料对人类历史的影响，仅仅是导致了农业革命的话，那就大错特错了。

亚述文字的研究者史蒂芬·提尼发现，在人类的第一种文字——楔形文字中，代表啤酒的符号频繁出现。事实上，作为一种酒精度低、营养价值高的饮料，啤酒曾经是古埃及人的流通货币，类似于古代中国的大米和布帛。一个金字塔建造工人的酬劳是一天一加仑啤酒，著名的吉萨金字塔，其造价是2.31亿加仑啤酒。

不过，古埃及人喝的啤酒和现在我们冻在冰箱里的啤酒不太一样。那时候的人饮用的，是一种现在被命名为“金字塔淡啤”的酒类，酒精含量仅仅是3%，但矿物质和维生素的含量很高。

毫不夸张地说，古代啤酒是医疗革命的先驱。人类学教授乔治·亚美纳荀斯就在一具有着3000多年历史的木乃伊的骨骼中发现了四环素，他说:“就好像你拆开一具木乃伊，却在它的头上看到了一副雷朋墨镜一样。”

为了搞清楚20世纪才发明的抗生素进入古代人骨骼中的原因，亚美纳荀斯博士尝试了各种古代配方，研究古埃及人的饮食。最后，当他按照古法啤酒配方去酿酒，检测后发现其中含有现代的抗生素。

在中世纪，黑死病、霍乱和鼠疫在欧洲的许多城邦中肆虐之时，还不懂得煮沸饮用水以消毒的欧洲人，大批大批地被已污染的水源毒死。加州大学戴维斯分校的酿造科学教授查理·班佛斯坚信，啤酒拯救了中世纪欧洲数百万人的性命。

酿酒过程中某个煮沸的过程，使致命的水源变成了可饮用的啤酒。中世纪配方中那种微咸、有着肉豆蔻香气的啤酒，从某种程度上来说，挽救了中世纪的欧洲。

奠定了现代医学基础的巴氏杀菌法，其研究的对象其实是啤酒，或者说，啤酒是首个使用巴氏杀菌法的饮品。其发明者巴斯德起初只是想弄明白啤酒为什么会变质，随后发现了细菌的存在，而这恰好是微生物理论的根基。

作为人类最古老的酒精饮料，啤酒几乎征服了整个世界。19世纪冷冻机的发明，使啤酒的工业化大生产成为现实，人们开始对啤酒进行低温后熟的处理，就是这一发明使啤酒冒出了泡沫。现在，啤酒是全世界年产量最高的酒类。

许多国家领袖都与啤酒有着不解之缘：华盛顿有一手令人惊叹的酿造啤酒的绝活，拿破仑曾迷迷糊糊地把军旗遗忘在一家小啤酒馆里，伊丽莎白一世最喜爱一款名为“爱尔（Ale）”的啤酒，每当她外出巡视时，她一定会来上一杯。

微反应背后的秘密

文 | 姜振宇

人在受到有效刺激的一刹那，往往会不由自主地表现出瞬间的不被思维控制的真实反应，这就是微反应。以下是我们在生活中非常熟悉的几个微反应，它们背后有哪些科学道理呢?

人看到喜欢的东西为什么眼睛会放光?

人们看到喜欢的东西，心情会大好；看到不喜欢的东西，心情会变坏。在测试实验中，瞳孔实验可以有力地证明这一点。瞳孔是虹膜中间的一个漏洞，负责把光线透到视网膜上。光线变强的时候，瞳孔就会缩小，以防过强的光线刺激视神经；光线变弱的时候，瞳孔就会放大，尽量让更多的光线投射到视网膜上，以获得清晰成像。这一切动作都是由控制虹膜的平滑肌来完成的，而平滑肌只受神经系统控制，无论你怎么努力，也不能进行主观控制。

有意思的是，随着人类的进化，人的瞳孔反应也变得更加复杂和高级。实验证明，人在看到喜欢的东西时，瞳孔会放大，以保证多看到一些美好的景象；而看到不喜欢的东西时，瞳孔则会缩小，以尽量避免受到负面刺激。当然，只有瞳孔变化的人，都算是城府很深的高手，即使内心波澜壮阔，外表也不动声色。对于一般人而言，看见美女肯定眼睛睁大，惊叹不已；看见血淋淋的场景，早就紧闭双眼，高声尖叫。这就是视觉应激反应规律的表现之一。

人在不知所措的时候为什么会挠头皮？

人在不知所措或紧张的时候，会发生各种常见的安慰反应。最常见的皮肤安慰反应集中在头部、面部和颈部，如挠头皮、玩头发、轻抚额头或脸颊、揉鼻子、摸耳朵。这些动作不经过思维性意识，直接由大脑中相对低级的边缘系统器官组合控制，可以理解为通过进化而产生的非随意运动，没有经过专门训练的人则很难控制。究其原因，是因为头、脸、颈部距离中枢神经的脑器官最近，且密布血管和神经。针对这个区域的肌肤安慰动作，可以直接改善神经系统因受到负面刺激而产生的紧张。

人在紧张的时候为什么会咽口水？

在婴儿时代，口唇是获取快乐的主要来源，婴儿通过口唇的吮吸、咀嚼和吞咽，能够满足自身大多数需求。由于口唇期反应留在人体神经系统中的影响过于深刻，所以一些人在成年之后，仍然会存在很多相关的近似于本能的反应，表现为某些行为退回到人生的早期发展阶段，心理学称之为“口唇期退行”。例如，在面临压力的时候，人会通过一些行为以表安慰，像吮吸手指、咬铅笔和吞咽口水等。

人在紧张的时候，神经密布区域的血液循环会加快，从而提供更多能量用于消耗，随之而来的是温度提升，造成皮肤表面水分流失较快。嘴唇就是这样的器官。人在说谎或准备说谎时，可能会感到紧张不安，嘴唇会容易变干燥，因此会产生舔嘴唇、抿嘴唇或者用牙齿咬嘴唇的相关反应。缓解嘴唇的不适，让这个在全身敏感度排名靠前的器官感到舒服一些，会相应改善整个神经系统的状态，获取很大程度的安慰。

人为什么会被吓得脸色苍白？

我们常常会听说“当时脸都吓白了”这样一种反应。恐惧怎么会让脸变白呢？其实这就是典型的逃离准备阶段的反应。一旦被测试人受到负面刺激，产生恐惧等高刺激力度的情绪，血液循环会自动将更多的血液从全身其他位置抽离出来，输送到逃跑用的下肢中。脸部的皮肤暴露在外面，是可以直接用肉眼观察到的部分。脸部正常的血液循环发生改变（血液减少），会很明显地表现为血液颜色的减退。这就是常说的“脸都吓白了”的原理。

人在胜利时为什么会举臂欢呼？

我们经常会看到，战争或者比赛的胜利者会做出一些动作，比如高举双手、高声呼叫等这些消耗很多能量的动作，其原始动力在于获取更多的关注。

重力是所有生物能够在地球上生存的最基本条件，同时也是各种生物需要想方设法对抗的第一阻力。对重力的对抗不仅仅反映在站立、跳跃、投掷等大动作上，也会存在于惊讶、笑容、愤怒等微小的肌肉运动中。

对抗重力的两个必要条件是神经意识和能量，缺一不可。如果能量充沛，就可以做出反重力运动，比如跳跃、高举双手的大肢体运动以及抬头、挑眉毛、嘴角上翘等小肌肉运动。相反，能量不足的时候，就会导致身体向下“垮”掉，比如坐、蹲、摔倒、躺或者趴等大肢体运动，以及躯干弯曲、低头、眉毛和脸上的肌肉下垂等小肌肉运动。所以，人在得意的时候，往往神采飞扬，欢呼雀跃；人在失意的时候，则会垂头丧气，蹲在街角哭泣。

很多庆祝动作，比如胜利者举臂欢呼，都是反重力动作。胜利是值得喜悦的事情，所以，胜利者在受到积极刺激之后，会产生积极情绪，情绪会调动能量储备。因为赢了意味着很多后续的收益，这些积极的刺激会让胜利者的神经高度兴奋。

那些奇奇怪怪的疾病

文 | 壁合子

笑死病

“笑”是快乐时的一种情感表现，怎么会是病呢？笑死病也叫“苦鲁病”，这种病的特征是患者突然大笑，肢体摇晃。休息一会儿后，患者的症状会减轻，但是得病 1 ~ 3 个月后，患者会开始摇摆，走路蹒跚，站立不稳，眼睛斜视，说话不连贯，最终死掉。笑也会有生命危险，听起来很吓人吧？别担心，美国医生丹尼尔·卡尔顿·盖杜谢克早已攻克了这一医学难题。他发现这种病只发生在新几内亚福尔部落，因为当地有一种不健康的习俗导致了病毒传染。于是，这一习俗被禁止后，笑死病随之消失了，而这位医生也凭借这个发现获得了 1976 年的诺贝尔生理学或医学奖。所以，请放心地笑吧！

吸血鬼症

东方的僵尸，西方的吸血鬼，原本都只是故事里杜撰的角色。可现实里，真的有“吸血鬼症”这种罕见病哦！身患这种病症的人惧怕阳光，他们的皮肤暴露在阳光下会起水泡，会感到疼痛和灼热。

这种病在医学上叫作“卟啉症”，不过大家还是习惯叫它“吸血鬼症”，这是为什么呢？首先，吸血鬼以吸血为生，这种病的患者也是如此，因为血液中的血红素能有效缓解症状，早期的卟啉症患者要通过喝血补充血红素（现在可以输血）；其次，吸血鬼讨厌大蒜，“吸血鬼症”患者也是如此，因为大蒜中的某些化学成分会让他们的病情恶化，带来疼痛和其他症状；第三，吸血鬼不敢见太阳，而“吸血鬼症”患者通常也只能生活在黑暗的环境中，因为患者体内的卟啉接触阳光后会转化为可以吞噬肌肉和组织的毒素，而主要的表现之一就是腐蚀患者的嘴唇和牙龈，使他们露出尖利的、狼一样的牙齿。因此，很多人认为卟啉症就是吸血鬼故事的来源。不过，“吸血鬼症”患者和吸血鬼有一个很大的不同：传说中的吸血鬼长生不老，可是“吸血鬼症”患者很短命。

苏萨克氏症候群

这病名听起来很复杂，是什么怪病呢？简单来说，患这种病的人记忆力很差。差到什么程度？患者最多只能记得 24 小时以内发生的事情。

想想看，24 小时也就是一天，患这种病的人今天完全记不得前天发生了什么事。身边的亲人和朋友如果不能每天出现，患者就会忘记他们，这对他们来说，是多么沮丧的一件事。有一位女患者曾说，她只剩下现在，没有过去——当然，她早已忘记了自己说过这句话。除此之外，患者还会头痛、畏光，视力、听力和平衡能力也会受到影响。所以，能拥有过去的记忆，也是一件幸运的事呢。

睡美人症

《睡美人》这个童话故事相信大家一定不陌生，故事里的睡美人在王子将她吻醒后，就过上了幸福的生活。可是，得了睡美人症的人就很苦恼了。

睡眠对于我们来说是非常必要的休息方式，可以恢复精力，缓解疲劳，但睡美人症却让人睡得太多了。患者会连续睡上好几周，甚至好几个月。要知道，人类是不需要冬眠的。而且在沉睡期间，患者除了自己醒来吃东西、喝水之外，任何事都叫不醒他们。待这段沉睡期过了之后，他们就不记得这段时间发生的事了。而在清醒的时候，患者其实也不是特别“清醒”，不少患者说他们会对所有的事失去注意力，对声音和光却非常敏感，女性患者中有部分会产生抑郁表现。

看吧，及时醒来也是健康的表现哦！

掩藏在世界名画中的医学真相

文 | 唐闻佳

十几年前，一位年轻的中国医生在法国卢浮宫里连续待了三天。每天早晨，他背着一根长棍面包和一瓶矿泉水排队入场，直到傍晚时分才离开。“那时没有好的照相机，只能静静地站着看。对理性的追求、对人文的关怀、对科学的执着……许多情愫涌上心头。”多年后，上海交通大学医学院副院长黄钢教授依然对此津津乐道。他没想到的是，十几年后的今天，他还要向这些名画“搬救兵”，弥补当今医学教育的缺失。他在上海交通大学医学院开设了一门新课：名画中的医学。

蒙娜丽莎微笑的诞生

2011 年 11 月的一天，黄钢教授兴奋地打开 PPT，第一幅画是伦勃朗的《杜普教授的解剖学课》。他说：“这是一幅绘于 1632 年的画作。当时 26 岁的伦勃朗，应阿姆斯特丹外科医生行业协会的邀请，绘制团体肖像画。伦勃朗通过解剖课的一个讲解场景，画下医生们富有动感的肖像，一举成名。在很多人看来，伦勃朗的画风具有划时代的意义；但从医学的角度看，这幅画也记录下一个重要变革：解剖学的出现。”但解剖学的出现并不是一帆风顺的。

在中世纪，人体解剖是禁忌，有限的解剖知识主要来自盖仑的解剖书，而后者主要通过解剖动物推断人的相关脏器状态，错误不言而喻。当时有一名学生叫维萨里，就读于巴黎大学医科专业。他对盖仑的解剖书高度怀疑，为此，他常到无名墓地取出骨骼，或从绞刑架上收走无人认领的尸体，自行解剖研究。由于种种异端行为，他被巴黎大学开除。1543年，维萨里公布《人体构造》一书，真正翻开了人体解剖学的第一页。这种实践精神在达·芬奇身上更为典型。在维萨里之前，达·芬奇就做了较为系统的人体解剖学研究。他的名画《蒙娜丽莎》从解剖学的角度来看，人微笑时，嘴角和双眼会因肌肉的带动而微微上翘，但在这幅画里没有出现这一现象，主人公的嘴角和双眼被蒙上一层薄纱，神秘的微笑由此诞生。

理发店门前的“红白蓝”

16世纪以前，外科还被称为“理发匠的技艺”。理发师不仅理发，也兼顾拔牙。当时的内科医生手指干净，头戴假发，相比之下，外科医生总在处理污浊的坏死组织及肿块，使用的是刀锯等“恐怖”的器械。在没有麻醉剂的年代，这种场面令人毛骨悚然。不少学医的人也是过了很久才知道，理发店门前的滚筒最早只有“红白”两色，暗示着医学与理发业曾经的“交集”：白色代表干净的绷带，红色代表被血染红的绷带。另一种说法是：“红白蓝”三色滚筒中，红色代表动脉，蓝色代表静脉，白色代表绷带。

1540年，外科迎来了里程碑式的进步，它被允许加盟到理发师协会，成立了理发师外科联合协会。直到19世纪，外科医生才逐渐摆脱与理发师和放血者之间的微妙联系。在此期间，外科的巨变被记录在了画布上。伊金斯的杰作《大诊所》是一幅19世纪70年代美国外科的快照，展示了当时著名的外科教授格罗斯将要进行的骨髓炎手术。

仔细从画面上看，患者正在接受麻醉，但外科医生们穿的却是日常便服，没有手术专用服、口罩和手套，未消毒的器械被随意摆放和使用，周围有很多人像看戏一样坐在旁边。这就是当时的外科手术环境。有意思的是，黄钢找到了伊金斯10年后的又一幅画作《阿格纽的临床教学》——这是一台乳腺疾病手术，依然是在剧场中实施，但医生穿上了手术服。

DNA 的奇妙用途

文 | 许财翼

最近几十年里，遗传学给人们的生产、生活带来了许多革命性的进步，给农业、刑侦、司法、医学等领域也提供了巨大的帮助。由于 DNA 分子信息储存量巨大，且保存时间长达上千年，未来它还会给更多领域带来进步，比如美术、考古学和计算机科学，DNA 的应用领域将越来越广泛。

识破伪装，复活古人

人类的头发、瞳孔、皮肤的颜色，以及面部长相都由基因控制，因此只要知道一个人的 DNA，就能知道他长什么样。

首先，这对警察破案非常有帮助。美国有一名惯犯，绰号“爬山虎”，他经常蒙面作案，深夜潜入居民家中。警察追捕他很多年一直苦无线索，而且由于没有掌握他的任何面部信息，因此无法张贴通缉告示。

不过，最近科学家从案发现场提取了“爬山虎”的 DNA，并试图从 DNA 着手勾勒他的长相，将之捉拿归案。目前这项技术还处于初始阶段，绘制不出高分辨率的人脸图像，但它可以帮助我们确定罪犯的某些重要特征，并且规避人为因素的误差。比如有些目击者在事后录制口供时，会因个人喜好在对嫌犯进行描述时添枝加叶；有些受害人因突遭“侵犯”而恐惧，可能会遗忘某些重要细节。在新技术的帮助下，这些弊端都能规避。

其次，这种面部分析技术也可以应用于考古学。英国历史上有一位理查德三世国王，在位时间很短也没有画像，后世对他的描绘是长着黑色头发，有着青灰色眼睛。近期考古学家在英国一个停车场地底下发现了他的遗骸，科学家从中采集 DNA 分析后发现，理查德三世的眼睛有 96% 的概率为蓝色，头发有 77% 的概率为金色。

同样借助这项技术，科学家能勾勒出两万多年前尼安德特人的外貌特征，他们很可能长着红色的头发和白皙的皮肤。而且通过 DNA 技术，科学家还可以复活猛犸象、渡渡鸟及其他灭绝物种，只要从遗骸中能提取到它们的 DNA，并进行测序，就可以借近亲物种孕育并复活它们，比如在大象体内孕育猛犸象幼仔。至于复活恐龙则不太可能，因为恐龙在 6500 万年前灭绝后，它们的 DNA 早已在漫长的历史中降解为碎片，无法复原。

鉴别食物与名画真伪

鸡鸭牛羊肉很好分辨，可是鱼的种类太多，市面上的价格差别也大，如果以次充好，我们是很难分辨出来的。我们该怎么办？

DNA 代码分析就可以识破真相。只要从鱼肉中提取 DNA 并测序，科学家就能立刻分辨鱼的种类，而且很容易操作。未来随着科技进步，检测工具将被简化为一种手持设备——DNA识别器。届时，十几岁的孩子也能用这种设备来分辨鱼的种类，用来检验饭店是否有欺诈行为，是否以次充好。我们买东西时，也可以用这种设备来检验是否买到了货真价实的商品，比如珍贵又难分辨的蓝鳍金枪鱼。

除了鉴别食物的真伪，DNA代码分析还可以用于鉴别艺术品的真伪。全球艺术品市场每年的交易额高达数十亿美元，但专家估计其中40%是仿冒品。专业鉴定机构固然可以鉴别真伪，但俗话说“道高一尺，魔高一丈”，如果伪造者技艺精湛，仿冒品完全有可能蒙混过关。

为此，科学家建议在艺术品上附一个小小的塑料标记，标记里含有特定的DNA代码。这个DNA代码不是艺术家自己的，因为伪造者可以从他的衣服、头发甚至垃圾里获取到艺术家的DNA，便于造假。相反，这个特定代码可以是来自其他某种物质的DNA片段，这样的DNA就不容易获取。将来鉴别真伪时，只需从塑料标记中提取DNA，然后对照数据库里的信息，两者如果吻合，就表明这件艺术品是正品。

纺织黄金，防范病毒

目前在发达国家，DNA已成为一种时尚的艺术媒介。DNA是一串长长的双螺旋结构，由四种核苷酸构成。这四种核苷酸排列有序，可分别用A、C、G和T代表。为此有的科学家编写了电脑程序，能把A、C、G和T的有序排列“翻译”成音符的有序排列，如哆、来、咪、发等，这就是我们人类能理解的乐谱。

有的艺术家利用基因技术创作艺术作品，比如荧光海岸绘画，染料里面掺入了一种转基因细菌，它们在一定条件下可以发光。因此，这些细菌一旦发光，整幅绘画就闪闪发亮，像真正的荧光海岸一样。

美国和日本科学家研发培育了转基因桑蚕，这种蚕所吐的蚕丝具有多重特性，如兼具蜘蛛丝的坚韧、延展特性，以及水母的荧光特性。在一部古老的法国童话故事里，女孩借助精灵的力量，把稻草像纺纱一样纺成黄金。或许这些科学家也能通过转基因桑蚕，把蚕丝纺成黄金。

另外，他们还计划把网络上的知识，如流行于全球的维基百科上的每篇文章，以 DNA 的形式编码（计算机编码有 0 和 1 两种代码形式，DNA 编码则有 A、C、G 和 T 四种），做成一串特殊的“基因”。然后利用转基因技术，把这串“基因”植入真实的苹果基因组里，这样就能制造出真实的智慧苹果。

DNA 双螺旋结构的匹配与排列非常精确，比如 A 与 T 总是紧挨着。根据这个特性，科学家又开发了一项新技术。他们设计一种 DNA 片段，并使之把双螺旋结构中的同类片段识别出来，然后所有同类片段以更复杂的方式彼此结合。这就好比我们平时玩的折纸艺术，它们结合后就形成了一个新的 DNA“折纸”形状。

目前利用这项技术，科学家获得了一些初步成果，如制作出分子级别的星星和笑脸符号等图像。

而在医疗领域，它的用途最广。把 DNA 折纸装入特制的“盒子”，使其携带药物进入人体，就可直接把药物输送到目标细胞。如果把肿瘤细胞设为目标，那么这个“盒子”只有遇到肿瘤细胞时，才会打开并释放药物。这种治疗很有针对性，而且基本没有副作用。同时，这个“盒子”也可以作为“囚笼”，把病毒细胞囚禁其中，然后利用 DNA 折纸破坏它的结构，无声无息地消灭它。

储存能力强，计算能力高

迄今为止，DNA 是最古老的储存介质。科学家正在研究这种介质的特性，并将其应用于信息技术。现有技术上，我们用 0 和 1 对信息编码，使之成为计算机能识别的语言。同理，科学家如果用 A、C、G、T 对信息编码，就会形成一种独特的“语言”，这就是 DNA 语言（代码），然后只要使用 DNA 识别器，就能读取数据，把 DNA 语言变成我们能看懂的信息。

靠这种编码方式，就能充分发挥 DNA 储存信息的“潜力”。首先，它的容量大得惊人。1 张 CD 的容量大约是 700 兆字节（MB），100 万张 CD 大约是 700 太字节（TB，1TB = 1024GB，1GB = 1024MB）。如果以 DNA 为储存介质，那么 1 克 DNA 就能储存 100 万张 CD 的数据，而且科学家估计 1 克 DNA 的实际储存量可能不止这个数。

目前全世界所有电脑硬盘储存的信息，如果以 DNA 编码的话，只需手掌大小的 DNA 就能完全容下。

法国特艺集团是全球最大的电影公司之一，也是娱乐行业的龙头企业，它正在用 DNA 编码并储存人类历史上经典的老电影，比如 1902 年的老电影《月球之旅》。

其次，用 DNA 储存后还可以复制。借助酶的特性，可以迅速复制 DNA 数据，而且这种复制几乎没有任何限制。美国哈佛大学的一位科学家曾把自己的一本著作用 DNA 进行了编码，然后在试管里轻松复制了 700 亿份。这本书由此成为历史上复制数量最多的书籍，创造了世界纪录。

最重要的是，DNA 存储信息的时效很长。最早的移动存储设备——软盘曾风靡一时，但现在它们早已进入历史的垃圾堆，而 DNA 存储则不会这样。10℃左右的温度下，DNA 存储信息的时间可以长达 2000 多年。

除了储存信息，科学家还在构想用DNA建造生物计算机。它跟我们常用的电脑不同，DNA计算机没有屏幕和键盘，实际上就是一些化学物质。但是这不耽误它的计算能力，科学家可以在上面输入信息，计算结果，并演示出来，这与普通电脑是一样的。

而且DNA计算机特别擅长并行处理，尤其擅长同时处理数以百万计甚至数以十亿计的计算任务。天气变化是时刻不停的动态过程，预报天气就是典型的并行处理。计算机从地球很多观测点收集温度、气压、湿度数据，时刻不停地计算，才能预报天气的变化趋势。

另外，在医学上，DNA计算机还有一大优势。它能进入细胞内部，进行信息记录等各种操作。如果与上文的DNA折纸“盒子”相结合，那么它将不仅是一部DNA计算机，还是一个与疾病斗争的“安全卫士”。

科学家告诉你：你身体里过半组成不是人类

文 | 詹姆斯·加拉格尔

随着科学技术的进步，科学家对人体的认知越来越详尽。现在科学家称，人体只有43%的细胞属于人类，而其他的部分则是由非人类的微生物细胞群组成。

这一发现意义重大，因为它可能改变我们对许多疾病、过敏等一系列情况的认知。

同时，由此可能研发出对疾病变革性的新治疗方法。

马克斯·普朗克研究所微生物学组的研究人员说："这些人体中的微生物对人体的健康至关重要。因为你的身体其实不只是你自己。"

无论你每天自我清洁得多么彻底，你身体的犄角旮旯到处都被微生物覆盖着。它们包括细菌、病毒、真菌和古菌，等等。而人体中这种微生物聚集的主要场所当属肠道，因为那里是个黑暗的角落，并且缺乏氧气。

确切地说，你身体中微生物的成分比人体细胞的成分还要多。

虽然科学家之前对此也有所了解，但那时他们还是觉得人体细胞多于寄存和生长在人体中的微生物，而现在的研究结果显示并不是这样的。

加州大学圣地亚哥分校的耐特教授表示，如果把人体中所有细胞都算在内的话，估计只有43%的与人类有关。

如果从基因上来看，我们更是处于下风。

人类基因组大约由两万个基因组成，但人体中的微生物群的基因在200万至2000万个之间。

加州理工学院的一名微生物学家萨尔基斯更是认为，我们不仅仅有一个基因组，人体中的微生物群应该是我们身体中的第二个基因组。

他认为，我们每个人都是由自身的DNA再加上我们人体中微生物的DNA结合起来的。

而这些依赖人体生存的微生物群与人体有着微妙的互动并影响着人体。

现在的科学研究已经逐步确认微生物在人体中的角色。它们在帮助消化、调解人体免疫功能、保护人体免受疾病攻击以及生产人体必需的维生素方面都扮演着重要角色。

耐特教授说："我们直到近期才发现，这些微生物在影响人体健康方面所起的作用是我们之前从未想象过的。"

这会让我们重新看待人体中的微生物，而不是像从前那样主要把它们当作敌人。

微生物战场

过去，人类发明了抗生素和疫苗来对付天花、结核杆菌或者超级细菌MRSA等，挽救了无数生命。

然而研究人员担心，我们在杀死"有害细菌"的同时，也对那些"有益细菌”造成了巨大的伤害。

耐特教授表示：“过去 50 年，我们在消灭传染病方面成绩斐然，但是我们也看到了自身免疫性疾病以及过敏症的激增。”

他认为，虽然我们成功地控制了一些病原体，但是也催生了一系列新疾病和问题。

最新研究结果表明，微生物与帕金森症、炎症性肠病，甚至抑郁症和自闭症都有关联。

微生物与肥胖症

此外，人体内的微生物可能还与肥胖症有关。当然，人的体重与生活方式、家族史有关系，但是肠道里的微生物可能也对此有影响。

例如，人们吃了汉堡包和巧克力以后可能会影响其体重，但是这些食物还会影响人们消化道中生长的微生物群。

耐特教授用小老鼠做了验证性的试验。

试验结果显示，如果把胖人的肠道粪便细菌输入老鼠的肠道中，可以让老鼠变得明显肥胖。

而这些用于做试验的老鼠已事先确保它们生存在无菌的环境中。

同样，如果把瘦人的肠道细菌输入给胖老鼠，可以帮助老鼠减肥。

这一效果的确令人感到神奇，但问题是这能在人身上奏效吗?

信息金矿

维康桑格研究所的劳利医生所进行的试验是分别培养健康人与患病者的微生物群。

他说，在那些病人体中可能缺乏某些细菌。他们的想法是重新找回那些消失了的有益细菌。

劳利医生说，越来越多的证据显示修复一个人的微生物“可以从实际上缓解”一些诸如溃疡性结肠炎等的肠道疾病。

当然，微生物药物研制还处于初级阶段，但一些研究人员认为观察自己的大便不久将成为家常便饭，因为它可以提供关于我们健康的信息。

耐特教授表示，人们排泄的大便包含了自己身体中微生物DNA的大量数据。

也就是说，人每次排出的大便都蕴藏着其身体的数据，而之前，人们直接把这些信息都冲走了。

他说，希望在不太遥远的将来，每次人们在冲大便时都能得到即时的数据解读，反映其身体状况。

“我认为，这将成为一场真正伟大的变革。”耐特教授说。

谁是海洋气味的制造者

文 | 徐莹莹

闭上你的眼睛想象着如天堂般的假日：悠闲地坐在太阳伞下品尝手中的冷饮，静静地欣赏膝盖上的侦探小说，尽情地聆听有节奏的海浪声，感受那沁人心脾的海水味……那么，海水的气味有什么独特的地方呢？它是怎么产生的呢？

到过海边的人都知道，海水的气味咸咸的，带有淡淡的硫黄的味道。这种味道是由一种被称为二甲基硫醚的硫化物产生的。

科学家早就知道，海洋中的球石藻能制造出海洋的气味，但是一直不清楚它们是如何制造出气味的。最近，一个以色列的科学家团队解决了这个问题。他们发现球石藻中有一种名为 Alaml 的基因，当盐度和温度合适时，球石藻就会在 Alaml 基因和酶的作用下产生二甲基硫醚。尤其是在它们的生长后期和死亡时，制造的二甲基硫醚最多，而且球石藻在全球分布很广，所以它们是海洋气味的制造大户。当然还有其他一些海洋生物存在类似的基因，它们可能也像球石藻一样是海洋味道的制造者。

海洋的味道不仅仅是为我们的海滩时光增加了浪漫的气息，它还有更大的作用。一方面，二甲基硫醚能维持海洋的碱度平衡，如果没有这种物质，海洋中的浮游植物就会被咸死。另一方面，藻类、浮游生物和其他一些海洋生物死亡之后，会被分解，而分解的过程中也会产生二甲基硫醚。对于小鱼、海鸟和一些以浮游生物为食的海洋生物来说，二甲基硫醚的含量高，说明这个地方可能有大量的浮游生物死亡，这就相当于给它们发出了邀请——快来吃饭！当然啦，对于藻类、浮游生物和其他一些海洋生物的同类来说，这可不是“饭局”的邀请，而是警示自己的同类：这里有危险，赶紧绕道。因为那些藻类也许是被病毒感染而“病死”的。

更重要的是，二甲基硫醚中的硫会散布在大气中，并缓慢渗透到大气层，从而促进云的形成，最终影响地球的气候。

细菌创造的科技奇迹

文 | 余 风

“吃”掉甲烷防爆炸

瓦斯是甲烷等易燃气体的统称，这种气体在煤矿中自然产生，累积到一定浓度后，就容易引起井毁人亡的大爆炸。为了避免这类惨剧的发生，科学家研究了不少办法。

不久前，印度科学家找到了一种甲烷细菌，它生来就爱“吃”甲烷，易燃的甲烷经过它的“消化”，就变成了不会燃烧的气体。在甲烷浓度高达99%的矿井中，放进大量的甲烷细菌，不出一星期，细菌就能吃掉84%的甲烷，因此能轻而易举地防止爆炸。

让蚊子“干死”

最近，在中东某地的沼泽里，科学家找到了一种灭蚊细菌。它能钻进蚊子的体内进行繁殖，并产生出一种能吸水的蛋白质，透过蚊子的细胞膜吸收细胞中的水分，从而使细胞失水收缩，让组织器官像晒干的泥土般龟裂开来，蚊子也就一命呜呼了。

奇怪的是，灭蚊细菌只对蚊子感兴趣，对别的昆虫、鸟兽、家禽、家畜一概无害。科学家把 0.4 千克的灭蚊细菌放在 4000 平方米的土地上，48 小时内就消灭了 90% 以上的蚊子，而且这种灭蚊方法不会造成环境污染。

“耕云播雨”

在众多人工降雨的方法中，细菌降雨是最奇妙的一种。

美国科学家已经发现了好几种能凝聚水蒸气的催雨细菌。它们“住”在大海的气泡里，在海浪击碎气泡后，细菌升到空中，将空气中的水蒸气凝聚成水滴产生降雨。在不久的将来，我们也许就能派这些细菌到蓝天上去“耕云播雨”了。

细菌发电

近年来，科学家从一种细菌中成功提取出甲醇脱氢酶来代替金属当催化剂，使化学能转变成电能的效率提高了 60%~70%。而且，细菌大量繁殖，产生出大量的酶，从而使电池的成本大幅降低。这种用细菌酶做的电池就是细菌电池。

高效产油

在加拿大的一个咸水湖里，科学家发现了两种共生的细菌——紫色细菌和无色细菌。

紫色细菌能“吞”进二氧化碳，“吐”出有机物；然后无色细菌再“吞”下这种有机物，“吐”出一种含有碳氢化合物的液体。这种液体经过加工，就能成为可以提取燃料的原油。在3平方千米的湖水中培养这种细菌，一年之内就能制造出22亿升原油。

如果我死了，请把我埋在“生态蛋”里

文 | 高 帆

每个人都会死亡，我们赤裸裸地来，也将赤裸裸地走，最终不是被火化就是被装进棺材里埋掉，只留下一个冰冷的墓碑供后人纪念。不过，意大利人提出了一个殡葬新概念——胶囊埋葬——让人去世后能“化作春泥更护花”，既环保又有纪念意义，这样的胶囊埋葬法还会让我们死得很酷。

传统的埋葬方式，因为使用了棺材，会占据很多空间，还会污染土壤。事实上，人体含有氮、硫、磷、钙、镁等元素，它们是植物生长不可或缺的营养。

意大利胶囊芒迪创业公司提出了埋葬尸体的新概念——胶囊埋葬，使得我们能够以环保而又时尚的方式离开：变成一颗巨大的种子，供养植物生长。这家公司研发了一种可生物降解的卵形容器，其材质能够让尸体矿物化并逐渐融入土壤。当人去世后，不管是火化后的骨灰还是完整的尸体，都可以放进这种“生态蛋”中，然后埋进土壤自然降解，变成一颗巨大的种子，慢慢长出大树，让生命回归自然，获得重生。

你可以想象一下，如果有人使用这种胶囊埋葬，就相当于将自己埋在一个“生态蛋”里，随后变成一颗巨大的种子，树（死者生前选好的）就会在其上生长。那些树长在死者埋葬的地方，成为他们的墓碑。这些纪念树将会被公司的中央定位系统记录下位置，以便亲友方便地找到，同时死者的亲朋好友还可以在系统里存储一些数字化的回忆。

也许你会问："存放完整的尸体和存放火化后骨灰所用的方法相同吗？"答案是相同的。换句话来说，假设某个人去世，他的尸体会被放进可生物降解的卵形器皿中，然后埋进土壤，并随着时间流逝自然降解。所以，无论是火化后的骨灰还是完整的尸体，这个过程都能奏效。尽管这种丧葬方式听起来很奇特，但不会影响人们的信仰和风俗，只要你乐意保护地球环境，就能接受这种"绿色行为"。

胶囊芒迪公司创始人安娜·契太利和拉乌尔从2015年开始，通过TED演讲和众筹活动来推广他们的绿色丧葬理念。尽管改变人们对死亡的观念困难重重，但是胶囊芒迪公司会将这一绿色行为坚持到底！

期许有一天，我们真会变成一颗种子，在身后留下一片森林，让生命以另一种方式继续存在。

大型动物灭绝的后果

文 | 袁越

地球上出现过很多体形巨大的动物，比如恐龙、猛犸象、大地獭、柱牙象、美洲野牛、蓝鲸等，如今它们要么已经灭绝，要么数量大减，濒临灭绝。最新研究发现，大型动物的灭绝，导致地球营养元素无法再像过去那样广泛而均匀地扩散，其影响至今仍然可见。

最近一次大型动物的集体灭绝，出现在 1.2 万年之前，至少有 120 种大型动物在这一时期永远地从地球上消失了。气候变化是这场浩劫的原因之一，但最主要的原因应该是人类的猎杀。

美洲大陆是这次大型动物灭绝的重灾区。一篇发表在《自然·地球科学》杂志上的论文提到，这次大灭绝使南美大陆的磷循环减少了 98%，给亚马孙热带雨林带来了严重的生态危机，至今仍然没有缓解。

这项研究是由一些来自牛津大学的生态学家所做的，他们建立了一个数学模型，对南美大陆上的土壤营养元素的扩散进行了量化分析，发现绝大部分营养元素都是被河流带着从安第斯山脉流向亚马孙平原，但河流经过的范围有限，只有两岸的部分地区能受益，大部分缺乏河流的内陆地区，只能依靠动物的活动来获得所需的营养元素。昆虫和鸟类等小型动物虽然可以做这件事，但它们要么承载总量太低，要么活动范围有限，对于营养物质的扩散能力远不及大型动物；后者体形足够大，活动范围也足够广，无论是它们的排泄物还是它们的尸体都能为那些河流到不了的地方提供大量的营养物质。

陆地需要依靠动物来运输营养物质，这个道理很容易理解，但为什么海洋也需要呢？即使有了洋流也还不够吗？答案很直接：还真是不够。营养物质通常比重较大，时间久了就会沉入海底，所以大部分海洋的表面都极度缺乏营养物质，所以才会有“蓝色沙漠”的说法。

2015年10月26日发表在《美国国家科学院院刊》上的一篇论文显示，鲸和海豚这类体形较大的海洋动物，同样可以为表层海水提供营养物质，因为它们大都在深海觅食，在浅海排泄。

这篇论文是由一组来自世界各地的科学家共同完成的。研究人员发现，从300年前开始商业捕鲸之后，海洋中鲸的数量下降了66%～90%，其中，体形最大的蓝鲸在300年前约有35万头，如今只剩下了几千头。鲸和海豚等大型海洋哺乳动物种群密度的减少，导致被从海底运到海面上的磷元素下降了75%，即从过去的每年35万吨下降到了现在的8.75万吨。

那么，家养牲畜能否代替大型野生动物的这个功能呢？答案是：极为有限。因为绝大部分家养动物都是圈养的，活动范围超不出栅栏。

这篇论文的作者们呼吁各国政府重视这一问题，一方面要尽快采取措施恢复大型野生动物的种群数量，另一方面要想办法扩大家养动物的活动范围。这么做不仅可以保护生态环境，而且有助于降低大气中二氧化碳的浓度。原因是地球上很多地方由于缺乏营养物质，植物无法正常生长，照到那里的阳光被白白浪费掉了。

把鸡改造成恐龙

文 | 阿 碧

看到科幻片中那些可爱的小恐龙，你是不是也想养一只小恐龙当宠物？这并非异想天开，科学家们正在努力把鸡通过基因改造的方法培育成恐龙。或许十几年之后，我们在花鸟市场上就可以买到宠物恐龙了。

让鸡退化成恐龙

如何培育出一只恐龙？科学家们能想到的最直接的办法，是找到恐龙的原始基因。比如，在美国科幻影片《侏罗纪公园》中，生物学家哈蒙德博士召集大批科学家，利用凝结在琥珀中的史前蚊子体内的恐龙血液提取出恐龙的基因，克隆出了一大批恐龙，并使整个努布拉岛成为恐龙生活的乐园。

然而，要真正找到可以提取恐龙基因的血液或者其他肌体组织，简直比登天还难。恐龙生活于距今两亿年到6500万年前，经过了数千万年，这些史前庞然大物的尸体早已消失殆尽，我们只能通过化石来推测它们的模样。科学家们试图从化石中寻找，或是从琥珀中寻找，或是从泥沼里寻找，或是从冰川里寻找，但迄今还没有人找到真正能提取恐龙基因的肌体组织。

难道人们企图让恐龙复活的任务真的难以完成了吗？近年来，科学家找到了一种新方法——让现有的动物退化。我们知道，生物都是在逐渐进化的，但是在一些新生动物的身上出现了返祖现象，那是因为基因退化了。鸡是由1亿年前的一种史前肉食恐龙进化而来的，采用基因技术就可以让鸡快速退化成恐龙。

小鸡长出恐龙嘴

这项研究的负责人是美国蒙大拿州立大学的古生物学教授杰克·霍纳，他将正在培育的恐龙命名为“鸡恐龙”。霍纳教授表示，自然界的返祖现象是一种较慢的且不可控的退化，而利用基因技术则可以让动物快速退化。

这项基因技术被称为“逆向基因工程”技术，也就是朝进化的反方向来改造鸡的基因。鸡的遗传物质中包含着恐龙祖先的基因记忆，一旦这个基因记忆的开关被“打开”，小鸡体内长期处于睡眠状态的恐龙特征就将被唤醒。

当然，要把一只鸡改造成一只恐龙绝非易事，它不可能在几个月或几年之内实现，更不可能像变魔术那样瞬间就可以实现，而是需要一步一步地来完成。毕竟，在自然界中从一个物种演化为另外一个物种，少则要数万年，多则要数千万年。

好在现在的科学家们有了“逆向基因工程”技术，我们不需要等那么长时间了。说起来比较简单，做起来却不容易。经过7年的秘密实验，科学家终于在最近把鸡的嘴巴改造成了恐龙的嘴巴。也就是说，他们制造出了一只长有恐龙嘴的小鸡。

小鸡逐渐变成恐龙

在制造出长有恐龙嘴的小鸡后，科学家们接下来的任务就是逐步唤醒小鸡体内的恐龙基因，让小鸡的器官逐步变成恐龙的器官。首先要唤醒的是牙齿基因。我们知道，鸡是没有牙齿的，而影视剧中的素食恐龙长有细密的牙齿，因此，科学家们要让“鸡恐龙”也长出牙齿来。

接下来还要改造尾巴，让鸡尾变成灵活摇摆且无毛的恐龙尾巴。还要把鸡的翅膀改造成短而尖锐的一对前腿，后腿用于站立，前腿用于刨食。恐龙自然没有那么多鸡毛，科学家们将“敲除”小鸡的一些毛发基因，给它们留下少量的绒毛。这样一来，一只公鸡就变成一只可爱的恐龙了。如果牵着它逛街，那是不是很拉风啊？

霍纳教授不是科幻片中那些试图颠覆世界的科学怪人，他认为自己的研究很严肃，可以和“登月计划”相媲美。霍纳教授相信，第一只“鸡恐龙”有望在未来5年至10年内诞生，而他的最终梦想是培育出一只真正的史前恐龙。

霍纳教授说：“如果你真的期待我们能制造出恐龙宠物，那么，我们将来也许可以满足你的愿望。严格地说，我们正在做的事情并非是培育宠物，而是复原古生物和那些已经灭绝的珍稀动物，让我们的世界恢复更加多样化的生态环境。”

老鼠变成大象要多长时间

文 | 熊 鹰

今天地球上最大的哺乳动物，是由6500万年前恐龙灭绝后繁盛起来的小动物演化而来的。那么，哺乳动物演化的速度有没有上限呢？

澳大利亚莫纳什大学演化生物学家埃文斯和其同事研究了在过去7000万年间，哺乳动物的最大体重是如何演化的。通过对比不同时间点上各个哺乳动物群体中体型最大者，并借助现代哺乳动物来估计每个群体中的一代大概对应多长时间，研究者分析了哺乳动物的进化速度。

老鼠变大10万倍需要20万代~200万代

通过化石和现存资料，研究小组发现，一种哺乳动物的体型增长100倍大概需要经历160万代，增长1000倍大概需要经历500万代，增长5000倍则大概需要经历1000万代。在陆生哺乳动物中，奇蹄目动物，如马和犀牛，显示出最快的体型增长速度。

在此之前，人们曾根据老鼠身上的微演化速率估计，哺乳动物从老鼠般大小演化至大象般大小，体型增大10万倍要经历20

万代至200万代。

埃文斯表示，这表明相对小演化，大演化的速度是相当缓慢的。小级别的变化可以很快出现，但是较大规模的变化则需要很长的时间。

海洋哺乳动物体型变大的速度快

有趣的是，在此次研究的所有哺乳动物中，灵长目哺乳动物的体型在进化中变大的速度是最慢的。

而在所有的哺乳动物中，鲸类——包括一般我们所说的鲸和我们所熟知的海洋哺乳动物，则具有最高的体型演化增加速率。它们仅需大约300万代就能让体型增大1000倍。

埃文斯表示，形成这样的演化速率差异大概是由陆地和海洋不同的生存环境所造成的。海水的浮力可以帮助它们支撑巨大的体重，这样就让海洋哺乳动物在增加体型方面面临的挑战小于陆生哺乳动物。对于海洋哺乳动物来说，体型增加的限制条件要少得多。比如说，如果把一头鲸放在陆地上，它很快就会被自己的体重压死，体内的器官和骨骼都会被压碎。

体型变小比变大更容易

反过来设想一下，体型如大象般大的哺乳动物变为老鼠般小的体型又要花多长时间呢？

研究者认为，相比变大，哺乳动物体型变小的速度会快上不止30倍。体型变小比变大要快得多，这又是为什么呢？居住在孤岛上的生物，比如侏儒象、侏儒河马，倒是能够提供一些线索，因为当物种生活在岛上时，它们所能获得的食物极为有限，所以小型化便成为岛屿生物的发展趋势。

埃文斯说，超大的陆生哺乳动物需要巨大的空间，才能找到足够的食物。而现在由于没有足够的土地，动物也就得不到足够的食物而生存得够久，因此，自然也就没法长到足够大了。

动物为什么不是体形越大越好

文 | 唐云江

众所周知，现存最大的陆地动物是非洲象，最大的海洋动物是蓝鲸。问题来了，对于某一个动物个体来说，体形为什么不会无限增长？为什么不是体形越大越好？

对于一个生物个体来说，体形无限增长的坏处是显而易见的。大量的研究结果表明，随着体重的增加，生物个体消耗的能量也会逐渐增加，也就是说，个头儿越大，需要的食物越多。如果饭量无限增加，那就会变成一件很可怕的事情，你不知道什么时候就找不到足够的食物了。

因此，经济的做法就是，把体形控制在一个固定的范围内，那么食量、生存空间等问题就可迎刃而解了。

第二个问题就比较复杂了，动物的体形除了受基因的影响外，还受环境的影响。营养、温度等都会影响动物体形的大小。

说到这里，不得不提到贝格曼定律，原始定义是这么叙述的："在相等的环境条件下，一切定温动物身体上每单位表面积散发的热量相等。"体积越大，其相对表面积（表面积与体积之比）越小。所以，体形大的动物，其相对表面积较小，身体所散发的热量也小，有利于保存身体的热量，抵御寒冷的天气。但从整体来看，对于同一种动物，身体增大必然导致体表面积增大，其整体的绝对散热量是增加的。为了维持较大的体形，也就必须吃更多的食物。而天气寒冷的地方往往是缺乏食物的，所以我们可以看到，在天寒地冻的南北极，动物很少有大个头儿的；而在食物丰富的热带雨林，就会有不少大型动物在活跃。

让我们把视线拉得更远一点。纵观地球的历史长河，生命周而复始，旧物种灭绝，新物种诞生。19 世纪的美国古生物学者艾德华·准克尔·柯普曾经提出一个有意思的观点——根据化石记录的信息，生物在不断变大，这就是“柯普法则”。

如今，我们都知道恐龙的体形是巨大的。但是为什么现存的动物都不像恐龙那么巨大，更没有比恐龙更大的呢？有人认为，这是灭绝事件中体形大的个体被淘汰，而造成灭绝后生物个体变小的“假象”。

大个头儿动物需要的食物和领地面积都要增加，每个个体必须独霸更大的领地才能维持生活。但是，对于独居的动物来说，领地面积的增大还意味着更难遇到伴侣，那么繁衍后代也成了问题，物种灭绝的风险也会变大。

俗话说：“物极必反。”横向看，不同动物在大体形的好处和坏处中做出平衡；纵向看，动物的体形从小变大，灭绝，再从小变大，生生不息。

说到底，大自然是公平的，事情就是这么简单。

你可知道，地球上的物种有多丰富

文 | 爱德华·威尔逊

一直以来，如何弄清地球上的生物种类总量和它们的全部特性，是现代生物学面临的一大难题。早在250年前，瑞典博物学家卡尔·林奈就将“双名法”（依照对生物种类的命名规则给生物命名的形式，每个物种的名字由两部分构成：属名和种加词）引入生物学，并且确立了鉴定所有生物物种的宏伟目标。

但实际上，直到两个多世纪后的今天，我们依然只能弄清庞大生物体系中极少的一部分。迄今为止，人类所发现的生物物种数量约为190万种，而据估计，所有已知和未知的生物加在一起，其真实的物种数量至少是目前人类所知数量的4倍，甚至更多。

以真菌为例，目前已知的数量约为10万种，但据科学家估计，目前自然界中存在的真菌总数至少为150万种。目前已被记录过的线虫为2.5万种，而自然界中真实存在的线虫种类估计约有50万种。昆虫是地球上种类最多的物种，目前已发现的种类约为100万种，但自然界中真实存在的昆虫种类估计至少有400万种。

蚂蚁的存在就是一个非常具有启示意义的例子，这种高度社会化的小虫子几乎占据了昆虫总数的 1/3，而相较于其他昆虫，科学家对蚂蚁的研究可以算是非常透彻了，目前总共发现了大约 1.2 万种蚂蚁，但可以肯定的是，自然界中真实存在的蚂蚁种类，要比这个数字高出两三倍。在过去一次针对美洲大陆大头蚁的研究中，科学家一共发现了 624 种大头蚁，其中 344 种为新种类，而随着研究范围的扩大，我们有理由相信，还有更多的大头蚁新种类将会不断被发现。这也从侧面说明了：记录生物多样性的具体数量，任重而道远。

随着生物分类学家不断深入微小无脊椎动物、原生动物和真菌的世界，我们相信，人类发现的生物种类的数量将会快速增长，因为一些未知的物种可能由于地理分布上存在季节性和限制性的特点，过去一直未曾被人类发现。

此外，我们还找到一些隐藏得很深的新物种，它们形成了一个遗传分化的群体，结构特征非常相近，以至于生物分类学家用传统分类方法根本无法对它们进行归类，只有通过对它们的 DNA 进行检测，才能进行分类。在这些分类范畴内，科学家还找到很多新种类的蚂蚁，它们或生活在悬崖峭壁的缝隙中，或生活在土壤深层，或极其罕见的以群居寄生虫的方式，生活在其他物种的巢穴中……

一些体型较大的生物，尤其是哺乳类、鸟类和开花植物，全部种类貌似都被人类发现了，但我们不要被这种假象所误导。自林奈引入“双名法”之后，关于较大生物的研究一直是科学家和业余爱好者的关注焦点，相反，他们对那些种类庞杂的较小生物体却缺乏应有的关注度，对其研究的深度和广度还远远不够。

对细菌和古生菌的分类研究，也面临着相同的窘境。迄今为止，人类已知的细菌种类约有 1 万种，但在生活中，我们在 1 克富营养的土壤中就能得到 5000 种细菌，其中大部分都是科学界完全不知道的，而 1 吨土壤中的细菌种类可达上百万种。据科学家对海洋生物做的普查报告预计，微生物占据了海洋生物总量的90%，其中仅细菌就达到了2000万种，如果我们再将病毒也列入统计范畴，那么整个地球上的生物种类总量将呈指数级增长。

或许有人会问，你说的这些都很有道理，可是有什么意义呢？

很显然，深入了解地球上的生物多样性的目的，绝不只是统计数量增加那样简单，科学的真正目标与林奈最初所提出的目标完全一致，它们都是为了寻找并统计地球上的所有生物种类，从而带来完整的知识体系。这种知识的价值是巨大且无可争议的，就像人类全面认识构成人体的每个器官、组织、微小细胞对于我们的重要性一样，只有完整地了解地球上的生物多样性，我们才能利用我们所掌握的知识，让它变成一座能为人类贡献新型药物和独特生理过程的宝藏，并通过它来改善环境，加快生物技术进步……

更为重要的是，了解生物的生存环境，有助于帮助我们挽救目前人类生存的实体环境，因为维系前者是保护后者的根本所在，如果我们只是保留了实体环境，而不注重前者，那么最终二者都将被破坏。

象粪造纸——一举多得的创意

文 | 郭子鹰

美国前总统乔治·布什收到过各种各样的礼物，其中有两样一定让他很难忘：一样是伊拉克记者扔给他的皮鞋，另一样来自斯里兰卡，是用大象的粪便做成的有金色花纹的信纸和信封。

出产这些象粪信纸的平纳瓦拉镇，有一座“大象孤儿院”，在这里，那些“孤儿”并不孤独。

在大片椰林的掩映下，河水淙淙流淌，发出风铃般清脆的水声，两岸的红色土壤在阳光下如同庞贝古城里经典壁画上的彩绘。隔着河岸，能听到棕榈树林深处象群发出的吼叫声，宣告着“丛林之王”即将登场。

庞大的象群以骇人的气势涉水登岸的时候，大群游客像被魔法控制了一样，步调一致地恭迎象群的到来。人们齐刷刷地举起手里的相机和 DV，快门声和尖叫声响成一片。

大象孤儿院坐落在斯里兰卡中央省盖克行政区的平纳瓦拉镇，离首都科伦坡 85 千米，占地 5.6 公顷。这里既是一个国营的大象保护场所，又是斯里兰卡著名的旅游景点。斯里兰卡的原始森林中蕴藏着丰富的宝石矿藏，进入丛林到处可以见到废弃的违禁开采的简易矿井，一些小象容易掉进这些废井而成为

“死因”，还有一些幼象因种种不测与母象失散了。为了救助这些小象，斯里兰卡野生动物保护局于1975年修建了这座大象孤儿院，收容了7头大象。如今，从“孤儿院”走出的象群“人丁兴旺”，已达近百头大象，其中幼象65头。大象孤儿院每天都有喂食、表演和洗澡时间，喂食和洗澡的项目允许游客参与。

一般情况下，一头成年大象平均每天要吃180千克树叶或树皮。对于饲养机构来说，这是一笔不小的费用，而且，一头大象一天平均排泄16次，共产生100多千克粪便，大象孤儿院每天都会收集到上万千克大象粪便。如何筹集饲养大象的费用？如何处理这些堆积如山的粪便？一度成为让大象孤儿院很伤脑筋的难题。后来，一个绝佳的创意解决了这些难题。

当地有一家名为“马克西莫斯”的再生能源造纸公司，生意很火爆，这家公司的独特之处在于就地取材，能将大象粪便变废为宝，将其加工制成可登大雅之堂的环保纸张和礼品。象粪造纸项目不仅仅为当地人创造了就业机会，而且通过让当地人捡大象粪便增加收入的做法，鼓励人们自愿保护大象，减少猎杀。

在墙上写满英文、俄文、日文等多国文字的大象粪便造纸车间，陈列着琳琅满目的用大象粪便制成的产品，书签、贺卡、笔记本、相册等等，都是手工制作的。闻一闻，非但没有臭味，反而有一种淡淡的清香。生产象粪纸的原料75%是大象粪便，其余则是回收利用的废旧纸张，由于采用了特殊工艺，这种纸张完全没有臭味。售货的小伙子拿起货架上的一个完全用大象粪纸制成的小工艺象放到地上，整个人踩上去再拿起来给我们看，工艺象居然完好无损。

这里出产的象粪纸主要有两种：一种是深色纸，用吃棕榈树叶的大象粪便制成；另一种是浅色纸，用吃椰子的大象粪便制成。象粪需经过收集、晒干、蒸煮、消毒、打碎、染色等工序才能制成成品纸。每 10 千克象粪能制造出 120 张规格为 71 厘米 ×81 厘米大小的纸张。

象粪造纸不仅给大象孤儿院和马克西莫斯公司带来了可观的经济收入，而且也给斯里兰卡这个饱受战乱之苦的国家赢得了荣誉。经过开始阶段的辛苦坚持，他们终于迎来了自己的荣耀：2006 年“世界挑战”大奖在荷兰揭晓，象粪造纸项目以其“保护野生大象，营造人与自然和谐关系”的创意一举夺冠，广为世人所知。今天，用斯里兰卡象粪制成的产品已远销日本、欧洲和美国，并成为斯里兰卡的国礼。由于造纸公司就设在大象孤儿院旁边，新鲜原料源源不断，创办 7 年来，马克西莫斯公司每天可处理 2 吨象粪，公司的员工从最初的 7 人增加到现在的 122 人。2002 年，斯里兰卡时任总理拉尼尔·维克拉马辛哈访问美国时，送给布什总统的礼物是带有金色花纹的信纸和信封，就是用大象粪便制成的。

源自动物的仿生技术

文 | 公子

塑料涂层
（偷学对象：鲨鱼）

细菌感染恐怕是最令医院头疼的一件事：无论医生和护士洗手的频率有多高，他们仍不断将细菌和病毒从一个患者传递到另一个患者身上，尽管不是故意的。事实上，美国每年有多达10万人死于他们在医院感染的细菌疾病。但是，鲨鱼却可以让自己的身体长久保持清洁。

与其他大型海洋动物不同，鲨鱼的身体不会积聚黏液、水藻和藤壶（藤壶是一种有极强吸附能力的小型甲壳动物）。这一现象给工程师托尼·布伦南带来了无穷的灵感，在对鲨鱼皮展开进一步研究以后，他发现鲨鱼整个身体上覆盖着一层凹凸不平的小鳞甲，就像是一层由小牙织成的毯子。黏液、水藻在鲨鱼身上失去了立足之地，而这样一来，大肠杆菌和金黄色葡萄球菌等细菌也就没有了栖身之所。

一家叫Sharklet的公司对布伦南的研究很感兴趣，开始探索如何利用鲨鱼皮的研究开发一种排斥细菌的涂层材料。该公司后来基于鲨鱼皮开发出了一种塑料涂层，目前正在医院患者接触频率最高的一些地方进行实验，比如开关、监控器和把手。迄今为止，这种技术看上去确实可以赶走细菌。

音波手杖
（偷学对象：蝙蝠）

这听上去就像一个糟糕的玩笑的开头：一位大脑专家、一位生物学家和一位工程师走进了同一家餐厅。然而，这种事情确实发生在英国利兹大学，几个不同领域的专家的突发奇想，最终导致音波手杖的问世。

这是一种供盲人用的手杖，在靠近物体时会振动。这种手杖采用了回声定位技术，而蝙蝠就是利用同样的感觉系统去感知周围环境的。音波手杖能以每秒 6 万赫兹的频率发送超声波脉冲，并等待它们返回。

当一些超声波脉冲返回的时间超过别的超声波脉冲时，就表明附近有物体，引起手杖产生震动。利用这种技术，音波手杖不仅可以“看到”地面物体，如垃圾桶和消防栓，还能感受到头顶的事物，比如树枝。虽然音波手杖的信息输出和反馈都不会发出声音，使用者依旧能“听”到周围发生的事情。尽管音波手杖并未出现顾客排队购买的景象，但美国和新西兰的几家公司目前正试图利用同样的技术，开发出适销对路的产品。

新干线列车
（偷学对象：翠鸟）

日本第一列新干线列车在 1964 年建造出来的时候，它的速度达到约 193 千米 / 小时。但是，如此快的速度却有一个不利影响，即列车驶出隧道时，总会发出震耳欲聋的噪音。乘客抱怨说“有一种火车被挤到一起的感觉”。

这时，日本工程师中津英治介入了这件事。

他发现新干线列车总在不断推挤前面的空气，形成了一堵“风墙”。当这堵墙同隧道外面的空气相碰撞时，便产生了震耳欲聋的响声，这本身就对列车施加了巨大的压力。中津英治在对这个问题仔细分析之后，意识到新干线必须要像跳水运动员入水一样“穿透”隧道。为了获取灵感，作为一位业余鸟类爱好者，他开始研究善于俯冲的鸟类——翠鸟的行为。翠鸟生活在河流湖泊附近高高的枝头上，经常俯冲入水捕鱼，它们的喙外形像刀子一样，从水面穿过时几乎不产生一点涟漪。

中津英治对不同外形的新干线列车进行了实验，发现最能穿透那堵风墙的列车外形几乎同翠鸟喙的外形一样。

现在，日本的高速列车都具有长长的像鸟喙一样的车头，令其相对安静地离开隧道。除此之外，外形经过改进的新干线列车的速度比以前快了10%，能效利用率高出15%。

风扇叶片
（偷学对象：驼背鲸）

美国宾夕法尼亚大学西切斯特分校流体动力学专家、海洋生物学家弗兰克·费什教授表示，他从海洋深处找到了解决当前世界能源危机的办法。费什注意到，驼背鲸的鳍状肢可以从事一些看似不可能完成的任务。驼背鲸的鳍状肢前部具有垒球大小的隆起，它们在水下可以帮助鲸轻松地游动。但是，根据流体力学的原则，这些隆起应该会是鳍的累赘，但在现实中却帮助鲸游动自如。

于是，费什决定对此展开调查。

他将一个3.65米长的鳍状肢模型放入风洞，看它如何挑战我们对物理学的理解。费什发现，那些名为结节的隆起使得鳍状肢更符合空气动力学原理：它们排列的方式可以将从鳍状肢上方经过的空气分成不同部分，就像是毛刷穿过空气一样。费什的发现现在被称作“结节效应”，不仅能用于各种水下航行器，还被应用于风机的叶片和机翼。

根据这项研究，费什为风扇设计出边缘有隆起的叶片，令其空气动力学效率比标准设计提升了20%左右。费什技术的更大用途也许是用于风能开发。他认为，在风力涡轮机的叶片上增加一些隆起，将使风力发电产业发生革命性的变革。

在水面行走的机器人
（偷学对象：蛇怪蜥蜴）

蛇怪蜥蜴常常被称为“耶稣蜥蜴”，这种称呼还是有一定道理的，因为它能在水上行走。很多昆虫具有类似的本领，但它们一般身体很轻，不会打破水面张力的平衡。体形更大的蛇怪蜥蜴之所以能上演“水上漂”，是因为它能以合适的角度摆动两条腿，令身体向上挺、向前冲。2003年，卡内基梅隆大学的机器人技术教授梅廷·斯蒂正从事这方面的教学工作，重点是研究自然界里的机械力学。当他在课堂上以蛇怪蜥蜴作为奇特的生物力学案例时，突然受到启发，决定尝试制造一个具有相同本领的机器人。

这是一项费时费力的工作。机器人发动机的重量不仅要足够轻，腿部还必须一次次地与水面保持完美的接触。经过几个月的努力，斯蒂教授和他的学生终于造出了第一个能在水面行走的机器人。尽管如此，斯蒂的设计仍有待进一步完善，因为这个机械装置偶尔会翻滚并沉入水中。在他克服了重重障碍以后，一种能在陆地和水面奔跑的机器人便可能看到光明的未来。我们或许可以用它去监测水库中的水质，甚至在洪水期间帮助营救灾民。

甜味剂的发现就是实验室里的作死史

文 | 钱程

糖精的发现

一般认为，糖精的发现者是俄国人康斯坦丁·法赫伯格。这家伙在美国约翰·霍普金斯大学的一个实验室里负责分析糖的纯度。他并不是课题组的成员，而是被一家公司雇来做科研的。这家公司并没有自己的实验室，所以，只能在这所大学里完成实验。在实验完成之后，这哥们儿跟实验室里的其他人已经混得很熟了，于是就问实验室的研究员，能不能让他在这里做点别的实验，研究员欣然答应，从此，这哥们儿就开始了实验室的作死之路。

接下来，他做的实验是研究煤焦油的衍生物。故事从这里正式开始。有一天他回家吃饭时，发现事情有点不对。

"哎，老婆，你今天的小面包里怎么加了那么多糖？"

"噢，真是见鬼，我向上帝发誓，我一点糖都没放。真是太不可思议了。好奇怪啊，今天的色拉怎么也这么甜？"

"别说了，快吃饭吧。"

吃完饭后，康斯坦丁·法赫伯格仍然觉得哪里有些不对。

细心的他舔了舔盘子的边缘。

细心的他又舔了舔自己的手指。

他好像突然明白了什么，他掏出衣兜里的铅笔，舔了起来。

“问题就出在铅笔上！出在铅笔上！”康斯坦丁·法赫伯格大叫起来。

他不顾妻子的阻拦，冲向了实验室。

随后，高潮来了，这家伙到实验室以后，把他平时接触过的所有药品和实验产物都舔了一遍！

最后，功夫不负有心人，他终于发现，甜味来自他最近正在合成的一种化合物，叫“邻苯甲酰磺酰亚胺”，他给这种物质起了一个名字：Saccharin。取自拉丁文 saccharum，是蔗糖的意思。我们现在把这种物质叫作糖精。

然后这家伙干了一件很不厚道的事：虽然和导师共同发表了论文，但他用自己的名字单独申请了专利。但这都是后话了。

现在问题来了：请问这家伙在做实验的时候，违反了多少条实验室的安全规范？

（随便说几个：没有戴手套，实验前后不洗手，把实验室物品带回家，品尝实验室的药品和试剂，回家吃饭竟然还不洗手……）

如果他舔过的任意一种化合物有毒的话，估计他也撑不到发表论文和申请专利的时候了……

甜蜜素登场

1937 年，美国伊利诺伊大学有个博士生叫麦克尔·斯维达，他的博士课题是研究一种新药的合成。

但这家伙有一个令人匪夷所思、完全无法直视、根本难以形容的习惯:边做实验边抽烟!

这可是药物化学实验室！导师都到哪儿去了？这种事情不管吗？！

好的，背景说完了。下面说正题。

有一天，像往常一样，麦克尔·斯维达边抽烟边做实验。

“咦，这个反应好像有点儿不对。”

他顺手把烟斗放在了旁边的实验台上。

半分钟后，问题解决，实验得以继续进行。

这时，麦克尔·斯维达把烟斗帅气地从实验台上拿起，准备继续抽。

当他拿起来抽的时候，手指扫过了嘴唇——

“怎么这么甜？！”

于是他尝了尝实验产物。

“嗯，当时的事情就是这样。”接受采访的麦克尔·斯维达“傲娇”地说。

两年之后，麦克尔·斯维达获得了甜蜜素的专利，1951 年美国批准了甜蜜素的使用。甜蜜素和糖精一样，吃起来也有一种苦味。但奇妙的是，当两者混合以后，各自的苦味竟然都消失了！从此甜蜜素被广泛应用。

无糖甜味剂——阿斯巴甜

大家熟悉的零度和健怡可乐用的就是这种甜味剂。比起上面两个作死先例，阿斯巴甜的发现就正常多了。

概括起来也就是一句话：詹姆斯·施拉特于 1965 年在西乐葆公司合成制作抑制溃疡药物时，无意间舔到手指，发现中间产物有甜味。

嗯，也是舔到了手指，这帮不怕死的“吃货”……

新型甜味剂——三氯蔗糖

20世纪70年代在英国伊丽莎白女王学院，有一位印度研究生范德尼斯在导师的实验室研究杀虫剂。

为什么一定要提到是印度研究生呢？等一会儿你会明白的。

有一天，一个实验品是用3个氯原子取代了蔗糖的3个氢氧基团。

导师："你帮我把这个产物test(测试)一下吧。"

范德尼斯："什么？要我taste(品尝)一下产物？那好吧，我试试。"

真正的勇士范德尼斯丝毫不怕合成该化合物的硫酰氯有剧毒，居然真的回到实验室，戳了一指头的该化合物，放进嘴里舔了起来。"真甜啊！"他露出了满意的微笑。回来后，他兴奋地向导师报告taste结果，然后被骂了一顿。

之后，导师觉得这实验反正一直没什么结果，看来做杀虫剂已经不太靠谱了。那我们就改做甜味剂吧。

很快实验就取得了成功。

这个故事告诉我们，学好一口纯正的英语口语是多么重要。

在此向那些在实验室里勇于作死、"作"出花样并且保持创新的科学家致以崇高的敬意以及由衷的钦佩!

当然，他们的作死经历绝对不值得鼓励。

后来的事情就是G蛋白偶联受体的发现，至此，我们终于对甜味形成的分子机制有了足够的了解，可以从分子层面判断一样东西到底甜不甜了。

舔实验产物的日子终于一去不复返。

未来地球人的餐盘里会有什么肉

文 | 高 博

人造肉、干细胞肉、酵母菌挤出的奶甚至各种各样的昆虫……未来，据说因为气候变化，主要饲料作物玉米的产量下降，饲养牲口的粮食可能越来越不够用。而据联合国粮农组织预计，全球人口在2050年将达到90亿。为了解决地球人对肉食的需求，科学家给出了不少替代方案。至于它们的味道怎么样，你可得“脑洞”大开想象一下。

植物里流出的血

喂牲口太费粮食——能喂饱10个人的谷物，变成了只够一个人吃的肉；7公斤植物蛋白才能产出1公斤牛肉。但让爱吃肉的人改吃素，太难。斯坦福大学教授帕特里克·布朗在尝试一条解决之道——人造肉。

他的“不可能食物”项目汇集了50多名科学家、工程师、农民和厨师，研究分子级别的动物产品，以利用植物制造肉类和奶酪。他们花了5年时间和8000万美金，造出了可以媲美牛肉的人造肉。

布朗的素牛肉不是豆制品。它的色泽、纹理都像绞碎的真牛肉。食客还可以挑选薄厚、半熟、八成熟等。素牛肉的成分有马铃薯蛋白、小麦蛋白、黄原胶和椰子油等，热量比真牛肉低，蛋白质含量更多。

有美食家品尝了素牛肉汉堡，表示这是目前最像真肉汉堡的素食。也有人说，此人造肉虽然味道好，但它还是没有肉纤维的嚼劲。

之所以像真肉，因为人造肉里有血红素。植物中也有血红素，但还是在动物肌肉中含量最高。将牛肉、猪肉化冻往往会渗出“血水”，它就来自于肌肉中的血红素。所以肉具有独特的口感和风味。

布朗用植物亚铁血红素替代动物亚铁血红素，使人造肉呈现了肉的淡红色。他还分解了植物中的蛋白质，重组氨基酸，并和糖、植物脂肪等物质发生化学反应。当被烘烤时，人造肉也会变成棕色，散发出香气。一份素肉汉堡 + 薯条的套餐卖 12 美元——还可以接受。

干细胞肉

如果在器皿里就能生产牛肉而不是养一头牛，就不需要耗费不必要的能量。从牛身上提取干细胞培养而不是宰杀它，也更人道。干细胞是没有分化的细胞，是器官的种子，许多医学家研究用干细胞生成人类器官供移植，但也有人想用它生产肉。

马克·波斯特——一位荷兰马斯特里赫特大学的教授，就成功地在实验室里培育出了“干细胞肉”。他从牛的身上提取组织，分离出干细胞；将之浸泡在糖、氨基酸、油脂、矿物质和多种物质的混合液中，让细胞吸收营养，生长分化，初步长成带有黏性的物质；波斯特再让它不断膨胀，拉伸成肉条；最后将3000条肉条混合，加入200片实验室培养的动物脂肪，制成一块制作汉堡用的肉饼。

这块肉饼不怎么好吃。因为它跟真牛肉不一样，它没有血管神经，是在单一环境下扩增出来的，所以口感比较奇怪。

体外培养细胞要模拟体内环境，因此得维持营养、绝对无菌环境、适宜的酸碱度、温度等条件，肌肉细胞长得又慢，这样生产的“牛肉”太贵了，每公斤1万美元，相当于市面牛肉价格的1000倍。

这个实验当然不是为了美食家设计的，仅是个可行性探索，将来会不会有改进后能上市的干细胞肉，尚未可知。

酵母菌挤出的奶

两位印度的素食主义者，在加利福尼亚州开了一家公司，生产“没有奶牛”的牛奶。他们把奶牛的DNA序列插入酵母菌，并将酵母菌与玉米糖浆及其他种类的蛋白质，一起放进发酵罐中。最终获得的发酵物与普通牛奶口味上相差不大，保质期比普通牛奶长。

目前这种人造奶的售价是牛奶的两倍。这家公司称它的口感是豆奶、杏仁奶比不了的。人造奶中的蛋白质来自酵母菌，脂肪来自植物，并在分子层面进行了调整以模仿牛奶脂肪的结构和口味。钙和钾等矿物质以及糖类，是另外添加到人造奶中的。混合物的配比合适的话，“人造奶”的成分就与牛奶更为接近。

这家公司还希望做出比牛奶更有利人类健康的人造奶。他们正尝试生产不含乳糖的人造奶，以满足乳糖不耐受症患者的需求。他们还研制出了将饱和脂肪替换成不饱和脂肪、但依然保留着牛奶风味的产品。

坚果味儿的虫子

2013年，联合国粮农组织在《可食用昆虫：食物和饲料保障的未来前景》中指出，全世界可供人类食用的昆虫超过1900种，世界上至少20亿人的传统食物中包含昆虫。但昆虫迄今还未成为人类的蛋白质主要来源，这是很可惜的。

黑水虻是一种其貌不扬的小飞虫，在热带常见，是食腐动物，它常待在垃圾堆或者粪坑里，但不会去居民家里。它的繁殖能力和苍蝇一样强大。幼虫有点像蝇蛆，一只幼虫平均每天进食0.5克有机物，能够消化绝大部分的生活垃圾，比如烂水果蔬菜、腐肉和粪便，将它们高效转化为脂肪、蛋白质和钙。现在世界各地包括中国，都有企业用黑水虻处理有机垃圾，黑水虻的幼虫可以当饲料，鸡、猪、鱼、虾等都愿意吃。

黑水虻幼虫体内有抑菌物质，动物吃了有益健康。也有学者用厨余垃圾养黑水虻自己吃，煮熟的幼虫闻起来像马铃薯和坚果，味道挺棒的。

只吃一种食物，我们能活吗

文 | 杨卉卉

众所周知，膳食平衡十分重要，因为没有任何一种食物能够提供给你生存所需的全部营养。最佳的饮食结构需要保持食物的多样性，确保营养物质全覆盖，从维生素C到亚油酸，啥也不缺。就算是那种非常流行的饮食概念，专注于某些食物（崇尚蔬果），或者把某类食物从餐单上去除（不吃高油、高盐的食品），通常也要保证食物来源的多样性，以提供合理的营养。如果情况极端一点儿，余生只吃一种食物，会发生什么呢？有没有哪种食物是相对来说更有营养、能支撑着我们活得更久的呢？

好吃的肉类

首先让我们一起来看看美味的肉类。肉类富含蛋白质以及我们所需的多种营养元素，如果只吃肉可不可行？

红烧排骨香气四溢，美味的牛排让你齿颊留香，只吃猪肉或者只吃牛肉的生活一定很美好吧？那可不见得。由于无法从这些肉类食物中摄取任何葡萄糖，你的身体将会另谋出路——从你自己的脂肪和肌肉中攫取能量。于是，你的脂肪和肌肉不断消失，你慢慢变得骨瘦如柴。而且，只吃这些肉会造成维生素C严重缺乏，而维生素C是制造胶原蛋白的小能手。长此以往，你将会得坏血病，成天无精打采，肌肉疼痛，全身长红斑，面容枯槁，牙龈肿胀出血。

如果三餐只吃培根，那问题可能就更严重了。肉类本身就缺乏纤维素，长期过量食用培根、香肠、热狗这些加工肉类食品更是会致癌。如果一个人每天吃51克培根，大约6片的样子，那么他得结肠癌和直肠癌的概率将增加18%。

吃脂肪含量低一些的瘦肉又会怎样呢？北极探险家维尔加尔默·斯蒂凡森曾经记录了一种在加拿大北部常出现的奇怪现象：有些人只吃瘦肉，比方说兔子肉，一周之后就会出现腹泻，伴有头痛、乏力等不适症状，人们将这种现象称为“兔子饥饿症”。为了避免因营养不良而走向死亡，患上“兔子饥饿症”的人需要补充一些脂肪。乔恩·克拉考尔在《荒野生存》一书中所描写的徒步旅行者克里斯托弗就死于“兔子饥饿症”，荒野中的兔子并没有帮助他走完最后的征程。许多人认为可以从蛋白质里获取所需的全部能量，而不需要脂肪或者碳水化合物，但是这会让肝脏不堪重负，影响其处理蛋白质的能力。

碳水化合物阵营

谷物、蔬菜、水果等都属于碳水化合物，这些碳水化合物会向你的身体提供葡萄糖，而葡萄糖能够转化为维持身体基本功能的能量。

如果一个人只吃面包，毫无疑问，他可以摄取到大量葡萄糖，但是这个人的身体将会极度缺乏蛋白质，而缺乏蛋白质会导致身体分解肌肉来得到所需的氨基酸。什么？身体在“吃掉”自己的肌肉？这可不是危言耸听。为了得到足够的能量，身体“吃掉”的可不仅仅是让你显得强健、帮助你突显好身材的肱二头肌，那些以肌肉为主的器官（比如心脏）以及身体组织也会变得衰弱。心脏不再强健，人的身体状态自然也会每况愈下。

这样看来，肉类和大多数蔬果都不符合条件。肉类不含纤维素，也没有重要的维生素和养分。蔬果、谷物富含维生素和糖类，但即便吃一大堆，它们也无法提供足够的脂肪和蛋白质。那么，到底哪一种食物能为我们的身体提供比较全面的营养？

跟土豆握个手

如果要把肉类和大部分蔬菜都排除掉，土豆或许是个不错的选择。在电影《火星救援》里，男主角依靠食用土豆在一定程度上获取了身体需要的热量和部分营养，这为他撑到获救做出了不小的贡献。土豆如此特殊，因为作为一种富含淀粉（可转化为葡萄糖）的食物，它们竟然还含有许多蛋白质以及多种氨基酸。

澳大利亚有一个叫安德鲁·泰勒的瘦身者，坚持一整年只吃土豆（后来依照专业人士建议，增加了红薯），体重从 151.7 千克减到了 99 千克。当然，土豆中的脂肪含量比较低，很难满足每天推荐的摄入量。尽管泰勒每天食用 4 千克 ~5 千克土豆，后来还在餐单上增加了红薯（可以为身体提供维生素 A、维生素 E、铁、钙），身体仍旧会缺少维生素 B、锌以及许多矿物质。泰勒熬过了只吃土豆的这一年，看上去似乎平安无事，可是事实上，从他的体重和体型来看，由于营养不足，他消耗了大量身体里本来存储的脂肪。继续这样吃下去，患病是难以避免的。

单一食物的死胡同

身体为了帮你活下去而向你索取的营养，其实可能并没有你认为的那样多，但是把这些身体所需的物质从餐盘中取走，我们就一定会走向死亡。

人的身体是很聪明的，我们的身体有一种机制来避免营养不良，这种机制叫作“感官特定饱腹感”。简单来说，大脑容易对强烈浓郁的味道更快疲劳，进而抑制对此类味道的渴望。同时，某种食物你吃得越多，你消化它的能力就越弱。因为你的身体知道，单一的食物来源会使你的“营养木桶”上遍布短板，就算吃得再多，最终生命的活力也会从这些短板间流失。

流行病学数据显示，摄取多种蔬菜的人，比只吃少量几种蔬菜的人更健康，癌症的患病率更低，但是没人知道为什么。有人认为只要所有的维生素、矿物质、热量都符合人体所需，那么只吃一种食物也不会生病——这种想法并不正确。

对于人类来说，食物中的一些重要的营养物质还没有走入我们的认知领域。或许短期内缺乏这些物质不会出现什么问题，但长期单一的饮食，缺乏这些神秘物质，可能会造成不可挽回的后果。

元素周期表，这下就填满了

文 | 馒头老妖

2015 年 12 月 30 日，国际纯粹与应用化学联合会发布了一个大新闻：2016 年将对第 113 号、115 号、117 号和 118 号元素正式予以命名。很多媒体都惊呼："化学元素周期表要被填满了！"

那么，这几个元素到底是何方神祇，对它们的发现又有什么意义呢？元素周期表真的彻底完成了吗？

这事儿，还得从门捷列夫老先生说起。

"纸牌游戏"里的大名堂

对于化学元素周期表，各位一定非常熟悉。门捷列夫的贡献，就在于他看到了纷繁现象背后的本质，把自然界中存在的各种元素，按照其原子量（一个原子核中质子和中子的数目之和），以从上到下、从左到右的顺序排列成了一个序列。

有了这个序列，人类对各种化学元素的研究，就能够有的放矢了：我们可以预测某个未知元素的性质，甚至可以去"制造"某种元素！

因为，既然元素的性质仅由其原子序数决定，那么我们只要造出具有某个序数的原子，就能获得一种新的元素了。无论它在宇宙中是否存在，理论上，我们都可以通过一个简单的加减法将其合成出来。

比如，我们可以用一个硼原子（B，原子序数为5）作为炮弹，去轰击一个锎原子（Cf，原子序数为98），得到的新原子的序数就是：5+98=103。

当这个新元素真的被制造出来并获得证实之后，国际纯粹与应用化学联合会决定，用物理学家欧内斯特·劳伦斯的名字来给它命名。正是劳伦斯提出了这种“原子大炮”的构想，所以，新元素现在就叫铹（Lr）。

造一个新元素，就这么简单吗

“原子大炮”的理论，听起来相当令人振奋。这似乎就是在说，人类可以不断地找到新元素了，这话或许只说对了一半。

的确，在劳伦斯之后，各国的科学家都在按照这个理论，努力制造元素周期表中没有的新元素，一个个空白迅速被填补。这些元素通常被我们称为“人造元素”，因为它们在自然界中原本并不存在。当然，制造它们的装置，最常用的就是粒子加速器。

但是，经过高速发展的阶段后，制造新元素的步伐逐渐慢了下来。这主要是因为越重的元素（也就是原子里包含的质子、中子的总数越大），其原子核中质子的相互排斥作用就越强，从而使得它们越发不稳定，合成难度随之变大。

有多不稳定呢？比如，铹（260Lr）的半衰期只有3分钟，也就是说，一堆铹元素放在那儿，3分钟后就只剩下一半了，另一半已经分裂为其他元素。有些人造元素的半衰期，甚至只能用微秒来衡量。

同时，要获得这些“沉重”的元素，所需要的“炮弹”和“靶子”（被轰击的元素）都必须是原子序数很大的原子；而要让它们以极高的速度碰撞，自然就需要更强的能量、更庞大的装置。换句话说，需要耗费越来越多的时间与资源。

即便你成功地合成了某个新元素，你还得证明你确实做到了。用大型电子对撞机，每次“开炮”能产生的新元素只有寥寥几个原子，而且还是稍纵即逝的，想要证实它们的存在并不容易。实际上，每一个新元素被首次制造出来之后，都要等待很长的时间，等到其他科学家再次制造出这个新元素，它才能获得国际纯粹与应用化学联合会的正式认可。

正因为如此，一开头我们提到的那 4 种元素，并不是一夜之间突然冒出来的。比如，115 号元素，早在 2003 年就被俄罗斯科学家公开报道，117 号元素，由俄美联合小组在 2010 年发现，今天，它们才被国际纯粹与应用化学联合会认可。

为啥还要这么做

既然费时费力，人类为什么还要执着于创造新的元素呢？

首先，这不是因为它们有什么独特的作用。从第 100 号元素（镄）之后的诸多人造元素，尽管人类付出了很多努力，但都还没有找到商业用途。即便真的能把它们用在什么地方，那极昂贵的制造成本，绝对让大多数地球人望而却步。

但对于科学家而言，它们又是颇有意义的事情。它们让元素周期表的第 7 周期得以填满，但这绝非意味着元素周期表“已经完成”。聪明的读者可能已经想到，如果我们把这些新发现的元素当作靶子，用其他原子去轰击它们，岂不是又可以得到原子序数更大的新元素？理论上，我们没有理由否定这种可能性。更何况这个未知的世界，本身就有着极大的吸引力。

在创造这些新元素的过程中，需要克服的技术难题有很多很多，在这个攻坚的过程中也会催生新技术、新理论的诞生，为化学家、物理学家、工程师提供新的问题与思路。

更重要的是，元素周期表本身也可能因此得到修正和升华。

门捷列夫创造的元素周期表，至今依然是高度准确的，但它在未来是否依然坚不可摧？有些化学家认为，如果将元素周期表再往下拓展一个周期，也就是制造出“更重”的元素来，我们熟知的一些规则就可能不再适用。比如著名的马德隆常数，或许就要进行修正。如果真有那么一天，人类对化学的认知将会有一个质的飞跃，其意义不亚于元素周期表的发现。

为了到达遥远的彼岸，就必须先跨过第 7 周期这个门槛。此次国际纯粹与应用化学联合会认可了本文开头提到的 4 种新元素的发现，既是一个重大成绩，又是一个新的起点。

或许借用拇姬先生的一句话可以总结这种探索的价值：“3 亿年前，当第一条两栖鱼爬上岸边时，其他鱼可能也问过它：‘你爬上去又有什么用呢？’”

最／黑／的／东／西

有／多／黑

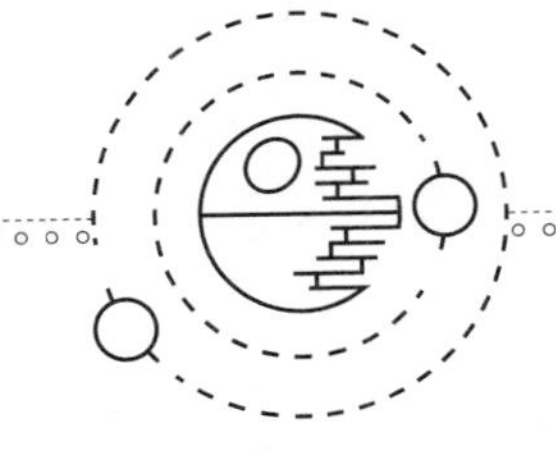

在超低温世界，橡皮会失去弹性，能像铜锣那样敲起来『当当』作响；猪肉会发出灼灼的黄光；韧性本来很好的钢，变得像陶瓷一样脆；当温度降到－190℃，空气将变成浅蓝色液体；在绝对零度附近，氧气会像白色的沙砾，而氦气会像钢铁一样坚硬。

——升龙《奇妙的低温世界》

万吨巨石砸烂半兽人大军，火星生物脑浆四溅，质子背包喷射火焰，纳米合金舱门开启手闸……你听过这些声音吗？有一群人正在寻找它们。

——船 长《科幻特效大片的声音，竟来自这听罐头》

科幻特效大片的声音，竟来自这听罐头

文 | 船长

万吨巨石砸烂半兽人大军，火星生物脑浆四溅，质子背包喷射火焰，纳米合金舱门开启手闸……你听过这些声音吗？有一群人正在寻找它们。

这些尚未出现在这个世界上的未来之声，是科幻电影音效师需要解决的问题。但他们日常工作的画面，不是坐在剪辑室里转动旋钮，而是上山下海、深入荒野，捕捉世界上一切稀奇古怪的声音。

用破烂制造未来宇宙

《指环王》中的帕兰诺平原之战可谓影史上极为壮观的战役。有一幕我格外喜欢，就是投石车吊起别墅大小的城墙碎块抛向敌军，在岩石落地的瞬间，发出一连串类似肉酱挤压的咕叽声，让人想起过年包饺子时拌肉馅的声音。

后来我才知道，那还真不是小孩子的无聊联想，而是很多科幻片的惯常手法——《终结者 2》中，液态金属人 T-1000 越狱穿过铁栅的声音，就来自一盒咕叽咕叽滑到地上的肉罐头。因此拿到奥斯卡最佳音效奖的嘉里·瑞德斯托姆特别自豪："工业光魔用超级昂贵的高级电脑做特效，而我只用了一盒罐头。"

事实上，这些未来世界的慑人声响，来源可能比一听75美分的肉罐头还便宜。

《星球大战》里各式高档飞船的引擎声，肯定来自哔哔啪啪的混音器和电子音源库吧？然而音效大师本·伯特发现，他下榻的汽车旅馆里破空调的哀鸣声就挺合适。而卢克那艘陆上飞艇的"嗖嗖"声，是他们蹲在旧金山湾高速公路边，用一截塑料吸尘器管子捕捉到的。《第九区》里的龙虾人在接受检查时，发出不满而恐惧的"咔嗒"声，其实来自工作人员砸烂一个大南瓜时的声音。

6万颗骷髅头洪水般涌出时的轰鸣从何而来？《指环王3》的音效师试遍各种方法，包括把整箱椰子壳倒在地上，效果都不理想，最后是靠租来的10公斤核桃解了围："一公斤一块钱租半天！"但，那可是古代叛军的亡魂啊？！

在无厘头导演彼得·杰克逊的带领下，整个《指环王》音效组都是这般作风不羁。炎魔躯体的噼啪冒火声来自混凝土块在地上刮擦；戒灵的尖叫不够恐怖，杰克逊大力推荐自己老婆："你们去找法兰，她喊得更好。"最后，这段导演老婆的恐怖尖叫，混合了驴子等动物的啼叫，组成了中土大陆最令人头皮发麻、钢锯拉琴一般的戒灵怒吼。音效师的伟大之处就在于，能用破烂制造全宇宙所有的声音。

声音猎手的疯狂日常

"树精把森林踩个稀烂的声音你听过吗？"

"没，你呢？"

“我也没，这可咋办？”

类似的对话，几乎所有科幻和魔幻大片开拍的第一天都出现过。1975年，本·伯特花了一年的时间创造出整个《星球大战》中宇宙世界的声音。他说：“专门请人为一部影片创作特殊的声音是不寻常的事，后来乔治·卢卡斯告诉我，你用这个话筒和那个录音机，去收集你能想到的所有有意思的声音回来。”

不像戴着耳机端坐剪辑室的混音师，音效师干的都是糙活儿。本·伯特开始走访动物园、农场和军事基地去收集声音。经常是几个大汉（或者姑娘），穿着大胶鞋、脏脏的运动服，扛着麦克风、录音机和大堆破烂，跋山涉水、登高入地，像是一群荒野猎手，只不过他们要猎取的是声音。

录制的画面通常诡异如行为艺术：在草地上用锤子疯狂拍打，在大风中抖动破床单，在脏兮兮的小河里用各种器械划拉水，趴在牧场栏杆上试图跟牛群交流。

“万一录不到合适的狗叫，你就得自己来。”《指环王》的音效师大卫说。当录制树精的脚步声时，为了制造树精踏过朽坏森林的复仇之音，他二话不说回家砍了50棵树。

特效拟音师的工作室，都像是巨型破烂工厂。通常是一间小仓库，塞满上百种木料、布匹、塑料、铁罐、胶皮管、水泥、砂石、琴弦、橡皮玩具、剑、盔甲……

然而有时，城市太吵了。当怪兽在太空船、丛林、洞窟里嘶吼时，合成的叫声不能混入半点人类世界的杂音。所以，他们不得不端起设备寻找无人之境，比如半夜的坟场、废弃的防空洞。

当然，科幻电影也需要噪声。《双塔奇兵》里，亿万兽人的怒吼去哪儿找呢？彼得·杰克逊跟音效师一合计，大大咧咧闯进了惠灵顿体育场，捕捉到25000名刚赢了球、喝了酒，有劲没处使的球迷。于是这位著名奥斯卡导演，像啦啦操领队一样指挥球迷捶胸顿足、大声喊出咒语和黑暗语，制造各种电影可能用到的声音。

用声音制造恐惧

多数时候，科幻片中的音效都是为了制造恐惧。在很长一段时间内，特雷门琴独特的乐声频繁出现在科幻片里，代表着观众对外星生物的恐惧。《地球停转日》里卫兵机器人开关盔甲和蒂姆·波顿的《攻击火星》，都使用了特雷门琴让人感到不祥的嗡嗡声。

另一个例子，是著名的“威廉之吼”。1951年，拉乌尔·沃尔什导演的电影《遥远的鼓声》中，一名战士被一只鳄鱼咬住并被拖进水里，发出了一声雄壮的惨叫。这段叫声后来被用在30多部华纳电影里，其中不乏《第五元素》《X射线》这样的大制作。比如，本·伯特就恶搞性地把它用在了一个暴风兵跌落时惨叫的场景里。彼得·杰克逊得知这事，兴奋地故意把尖叫声调大，还坚持威廉之吼也要在《王者归来》中使用。

本·伯特走出录音室去采样，开启了好莱坞音效设计的革命：现在，每部电影的音效都将主要依赖艺术家的个人风格。本·伯特说：“我格外喜欢老式机械的声音。”现在科幻片音效的趋势是：在营造恐惧和疏离感时，不再特意展现爆炸、怪兽、机甲的声音，反而转向日常声响。

科幻片比以前更安静了，所有音效师都松了口气：总算不用为了买材料跟核桃小贩讨价还价，为了录制人海声效跟球场老板磨叽一个月，或者是违心赞赏导演老婆的尖叫了。但自然界的声音远比人造声响更丰富，如何捕捉1000种不同的风声？这也许是下一个令他们挠破头皮的难题。

如何成为超级英雄蝙蝠侠

文 | 蝌蚪

在电影《蝙蝠侠大战超人》中，蝙蝠侠继续帅得拉风，尽管在现实生活中想成为超人是不可能的，但要成为蝙蝠侠还是有可能的。当然，要成为蝙蝠侠，装备是很重要的。如果没有韦恩工业的高科技装备，蝙蝠侠充其量也不过是个武士罢了。那么，蝙蝠侠都有什么装备呢？

蝙蝠头盔

蝙蝠头盔作为蝙蝠侠重要的装备之一，承担着保护他脑袋的任务，同时也掩藏了他的真实身份。蝙蝠头盔是以石墨为主的复合材料，应该是碳纤维复合材料。这种材料在航天工业中被广泛应用。碳纤维复合材料是以树脂为基体、碳纤维为增强体的复合材料，兴起于20世纪60年代中期。这种材料的优点包括：①使用碳纤维复合材料的头盔的重量是金属头盔的1/3~2/5，它的密度是其他几种金属材料密度的1/5~1/2。②比强度（材料的拉伸强度与密度之比）和比模量（弹性模量与密度之比）都很高。其比强度是钢的5倍，比铝合金高4倍；比模量则是其他材料的 1.3~12.3 倍。③它是一种各向异性材料，在各个不同的方向上，物理性能完全不同。这就有利于设计出非常符合脑袋外形或者奇形怪状的东西（比如蝙蝠侠的两只耳朵）。设计者可通过选择合适的铺层方向和层数来满足强度、刚度和各种特殊要求，以获得满足使用要求、具有最佳性能质量比的复合材料。④碳纤维复合材料的抗疲劳性比金属材料高 1 倍，疲劳极限可以达到拉伸强度的 70%~80%。⑤抗震和耐高温，在 400℃的高温下不会变形。⑥破损安全性高。由于材料内部是一根一根的纤维，就算断了一根还有其他纤维支撑着，绝对不会直接破碎。⑦可以整体成型。蝙蝠头盔就是整体成型的产物，没有任何连接部件，一次性制造完成。但碳纤维复合材料并没有防弹功能，这是因为断裂延伸太小，单位面积的弹击吸能较低，因而需要在表面再涂一层防弹材料，如芳纶、聚乙烯纤维。

目前，美、英等发达国家使用的防弹头盔都是芳纶材质。这些材料与防弹衣不同，是硬质的，而且其变形能和断裂能很高，可以吸收子弹的能量。子弹到达防弹材料时的能量以冲击波形式传播，包括纵波与横波：纵波的主要形式是压缩波，横波的主要形式是剪切波。防弹材料经过高速压缩、剪切破坏、拉伸破坏、背凸形成和回弹 5 个阶段，彻底阻止子弹进入材料内部。当然，蝙蝠头盔里还有夜视仪、热像仪、声呐仪、防毒面具、微型无线电接收器和对讲机。

蝙蝠盔甲

据说，新版的蝙蝠盔甲由双层加强型钛合金面板和聚酯纤维构成。钛合金是一种轻质材料，如美国产的 Ti-555 合金强度高、韧性好，且冷加工性能优异。耐油、抗氧化的钛合金材料，即使在 540℃的高温下也不容易变形。但钛合金在强度高时，塑性和韧性会降低，所以还是有问题的。而蝙蝠盔甲使用的聚酯纤维一定是经过改良的。2002年年底，全球聚酯纤维的产量为2100万吨，占全部化学纤维的63%。这种材料通过化学、物理等技术手段，完全可以变得令人感觉非常舒适。蝙蝠盔甲采用多层复合材料，在抗冲击的前提下，内层材料可以吸汗，外层材料可以快速排出水分。

蝙蝠护臂手套

这种手套最大的特点是仿造壁虎的黏附力，这种力量来自壁虎爪端的多尺度微纳结构。壁虎的脚上排列着密集的刚毛，每平方毫米就有5000根长度在30微米~130微米的刚毛。每个脚趾上有数百万根刚毛。每根刚毛上还有400根~1000根直径为200纳米的分叉。如此产生的范德华力（分子吸引力，是中性分子间一种微弱的电磁引力）完全足以支撑壁虎的体重。而且湿度越大，其黏附力越强。关于脱黏，主要是利用了材料的各向异性：在指向不同方向时，刚毛的黏性完全不同。

目前，爬壁机器人的应用越来越广泛，利用的技术有很多，比如AFM刻蚀法，氧化铝模板孔洞注入成型、电感耦合等离子体刻蚀技术，阵列纳米碳管的制备、光刻技术，反应性等离子体干刻蚀法，负压吸附等。有一些壁面清洗机器人已经被投入使用。那么，蝙蝠侠想要拥有这样一副手套，大概也不是难事。但是目前还不行，因为大多数模仿刚毛的材料，其纤维都会互相黏结，使得接触面积降低，不是性能不好就是寿命太短。虽然蝙蝠侠不差钱，但在现实生活中还是无法拥有蝙蝠护臂手套。

蝙蝠靴

这是一件科技含量相对比较低的装备，除了其中的蝙蝠发信器。蝙蝠是利用超声波进行回声定位和猎食的，相互之间也会利用超声波来通讯。所以，蝙蝠发信器利用超声波聚集蝙蝠，也不是不可能。当然，目前我们的仿生学还没做到这一点。

蝙蝠披风

这种披风的主体材料应该是导电纤维。蝙蝠侠的披风可能是由金属氧化物、有机物等导电物质与高聚物复合或共混纺丝制成的。这种材料具有耐摩擦、耐氧化及耐腐蚀的能力，而且可以吸收电磁波，达到隐身的目的。它还是一种记忆纤维，记忆纤维的特性就是在一定条件下，可以恢复其原来的样子。目前，比较好的记忆纤维是把记忆合金混入纤维之中，可见，其导电性能也可能来自合金。现在用得比较多的是镍钛合金，还有电控纤维。电控纤维不起皱、不缩水，洗多少遍都行——这不就省钱了嘛。不过，蝙蝠侠全身都是钛合金，蛮值钱的哟。

武器

蝙蝠侠的腰带上有一大堆飞镖、爪钩枪、缆绳发射器、爆炸凝胶喷射器、电锯、激光枪、电磁枪、液压器、黏胶定时炸弹发射器等武器，其中最厉害的应是激光枪。激光枪的主要作用是让敌人僵硬，从而失去反抗能力。电磁枪是一种已经存在的武器，具有初速控制灵活、精度高、射程远等优点。它利用驱动线圈和弹丸之间的磁耦合机制工作，首先驱动线圈放电，产生脉冲强磁场；然后，弹丸感应出电流，感应电流在脉冲强磁场的作用下会产生电磁力，弹丸在电磁力的作用下加速前进。

交通工具

蝙蝠车、蝙蝠摩托、蝙蝠飞机、蝙蝠直升机、蝙蝠艇、蝙蝠水上摩托等各种交通工具，其实本质上和现在的交通工具区别不太大，最多就是安装了更多的武器，而且跑得更快、外形更拉风了。

如果想成为蝙蝠侠都需要做什么？

很简单，首先要有10亿美元，当然如果没有这么多钱也不是不能办，档次降低一些就好了：头盔和盔甲可以用塑料材质；披风可以用化纤材料裁剪，内部放置一些钢丝撑起来；交通工具不太好做，所以就当出门没开车吧；至于激光枪，就把激光笔装在玩具枪里，反正也不是真的要扶危济困。总之，能用3D打印的就用3D打印。

其实，蝙蝠侠之所以能成为超级英雄，更多依靠的是他的智慧、勇敢，以及坚持正义的品格。

你从未听说过的爱迪生发明

文 |Feronia

毫无疑问，如果没有爱迪生的发明，我们的生活将会大不相同。

这位天才发明家，凭借从他在新泽西的实验室里做出的那些看上去不可思议的发明，以无数种方式改变了我们的文明。这位“门罗公园的巫师”因他的那些重大发明而被人们铭记在心，比如白炽灯和留声机，同时，他那不知疲倦的大脑也想出过一些不那么出名和不受公众欢迎的点子。

电子计票器

当爱迪生凭借一种被他称为“电子计票器”的机器获得生平第一项专利时，他还是一名 22 岁的电报员。当时，他正和其他几个发明人为一些立法机关（如美国国会）研究新的计票方法，用一种比由来已久的口头表决系统更有效率的方法记录投票情况。

在爱迪生的计票器中，一个投票装置被连接到计票员的桌子上。在这张桌子上有两组圆柱，一组代表“是”，一组代表“否”，上面都嵌有用金属字模制成的立法机关成员们的名字。立法机关成员们将通过扳动该投票装置上的转换器来指向“是”或者“否”，同时向计票员桌子上的设备发送一股电流。投票结束后，计票员会把一张经过化学处理的纸片放在金属字模上，让金属滚轮滚过。那股电流会使应该被记录的投票对应的纸上的化学物质溶解。代表“是”和“否”的两个滚轮会记录所有的投票，并将结果制成表格。

爱迪生的一个名叫德维特·罗伯茨的朋友也是一名电报员，他花100美元买下了爱迪生这种机器的一份股权，还试图把电子计票器卖给华盛顿政府，却没有成功。国会一点都不想要任何能提高投票速度的东西，因为这会缩短冗长发言和耍弄政治手段的时间，所以，年轻的爱迪生的这款电子计票器被送进了政治的坟墓。

气动铁笔

爱迪生发明了文身枪的始祖——气动铁笔，后于1876年获得这款电子笔的专利。这种笔的笔杆尖端装有一个钢针，可以在纸上打孔，从而实现印刷的目的。作为率先实现高效拷贝文件的设备之一，这项发明本身意义重大。1891年，文身艺术家萨缪尔·奥赖利获得第一项文身机专利——据说，这种设备正是基于爱迪生的铁笔设计的。但是很显然，奥赖利只生产了一台文身机且仅供他个人使用，因为没有任何关于在市场大规模出售此种设备的记录。

水果保存法

发明白炽灯期间，爱迪生的另一项发明——玻璃真空管也在实验室的工作中随之诞生了。

1881 年，爱迪生为一种在玻璃容器里保存水果、蔬菜和其他有机物质的方法申请了专利。他将这种容器装满要保存的东西，然后用一个气泵抽走里面所有的空气，再用另外一块玻璃将这个容器密封。

混凝土房子

爱迪生业已用电灯、电影和留声机改善了美国民众的生活，但他并不满足于此，他下定决心要在 20 世纪初期废除贫民窟，让每一个工薪家庭都能住进坚固、耐火、成本低廉又可以大规模建造的房子。那这样的房子将用什么来建造呢？当然是用混凝土啦，这是由爱迪生的波特兰水泥公司生产的材料。爱迪生记得自己是工薪阶层出身，他说如果尝试成功，他不会从中牟利。

爱迪生的计划是把混凝土倒进尺寸和形状都和房子一样的大型木制模具中，然后让其凝固，最后再移走模具——你瞧！一座混凝土房子就成型了，装饰嵌线、水暖管道甚至浴缸都已经嵌在里面了。爱迪生说这些房子会卖大约 1200 美元，这个价格大约是当时用常规方法建造的房屋的 1/3。

尽管在 20 世纪初期的建设繁荣时期，爱迪生的波特兰牌水泥被纽约市周边的大量建筑工程所使用，但是这种混凝土房屋却从未流行起来。建造房屋的模具和设备需要大量资金投入，没有几个建筑商可以承受。个人的脸面也是一个问题，没有多少家庭想要搬进为使人搬出贫民窟大力兜售的房子而在社会上丢脸。还有另外一个原因，有些人觉得这些房子难看。尽管这家公司确实在新泽西周边建造了几座混凝土房子（有的至今还存在），但爱迪生建造混凝土社区的理想从未能实现。

看电影为什么要吃爆米花？

文 | 《虹膜》电影杂志

看电影吃爆米花是一种纯正的美式习俗，所以，这里回答的实际上是为什么美国人看电影时要吃爆米花。这种习俗和看电影行为的结合，有一定历史原因。

爆米花一直是美国人休闲娱乐时的主要零食，至少从 20 世纪初开始，看体育比赛、杂耍节目、去游乐场的时候，很多人都会吃爆米花。但在最开始，它并没有和看电影紧密联系在一起。1905 年镍币剧院兴起，使得看电影成为一种空前流行的娱乐活动，同时使各种真人综艺杂耍边缘化。在这个时候，卖爆米花还只是镍币剧院周边一些摊贩的自发行为。

从 20 世纪初期开始，豪华电影宫（moviepalace）取代镍币剧院，成为电影消费的主流场所。

当时电影从业人员的心理是尽可能提升电影的地位，使之高尚化、上流化，从而和底层民众的娱乐形式区别开来。最高档电影宫的目标是要媲美欧洲的歌剧院，谁会在看歌剧的时候吃爆米花这种平民食品呢？所以，电影宫的老板都反对爆米花及各种零食。此外至少还有两点原因：1. 零食利润很微薄；2. 会污染影厅环境，清洁困难——镍币剧院中的满地垃圾让人心有余悸。

即便这样，大多数电影观众并不觉得看电影吃零食是很丢人的事情，绝大多数电影院门口都有卖零食的摊贩，很多观众会买好带进去。

爆米花及零食正式引入电影院是20世纪30年代后的事情。主要原因是经济方面的。大萧条期间，电影院经营困难，开源增收的压力很大。所以，一些非从属于五大片厂（派拉蒙、米高梅、华纳兄弟、二十世纪福克斯、雷电华）的独立影院开始卖些简单的糖果。由于尝到了甜头，于是这种做法被迅速推广开来。30年代，几乎每家电影院都有了自己的小卖部。

糖果之后是爆米花。30年代后期，爆米花售卖装置成为电影院的标配。当然为什么是爆米花，可以从很多角度来理解：爆米花制作简单，它的香味对等待看电影的顾客是很大的诱惑，而且价格便宜，它是大萧条时期美国人消费量没有下降的少数食品之一；另外，爆米花制作技术改进，不再像以前那样，会发出让人难以忍受的臭味。

爆米花攻占电影院，其实我们也可以说，这是电影上流化路线的一次失败。

爆米花进入电影院之后，它的年产量暴增20倍。它的热销甚至带动了玉米种植面积的大幅增加。

“二战”期间，食糖管制更加使得爆米花成为人们看电影时唯一的零食选择。20世纪40年代中期，美国爆米花产业和好莱坞电影一起，达到史无前例的最高峰。

不过，外界对爆米花进入电影院并非没有批评的声音，40年代的报纸上，常常出现批评看电影吃零食等不良习惯的文章，还有人出版“观影礼节”之类的指南，劝说观众放弃吃爆米花。

顺便一提，“二战”结束后，食糖管制解除，可乐等软饮料才开始进入电影院。

爆米花等零食销售对电影观看习惯也有不少影响。例如在“二战”结束后的几年，即使不太长的电影也有中场休息，原因不过是给电影院提供二次贩卖零食的机会。

20 世纪 50 年代后，汽车影院兴起，观众在自己车上吃起零食来更加自由，影院的周围出现小型餐吧，卖的就不仅是爆米花和可乐了，还包括热狗、冰激凌、奶昔、三明治、咖啡、汉堡、薯条、披萨……20 世纪 60 年代之后，零食经营越来越系统化和专业化，已经毋庸置疑地成为电影院利润来源的一根支柱。

最黑的东西有多黑

文 | 赵尚泉

世界上什么东西最黑？你或许会说，这个问题有些荒唐，因为黑的就是黑的，浅黑就是灰的，哪有什么最黑？其实你错了！因为在科学家眼里，黑与黑也有分别。如一般的黑炭，或者被人造黑漆涂抹的东西，其黑色只能吸收可见光，但不能吸收红外线和紫外线，所以用红外望远镜就能看到它们。但有一种材料，用红外望远镜也看不到它，因为它把红外线、紫外线统统都吸收了，压根就不反射任何频率的光。正因为如此，这种材料在人眼甚至灵敏的观测仪看来，都是黑色的东西，而且是目前世界上最黑的东西。

当然，这种黑色材料不是天然的，而是美国科学家研制出的一种特殊材料。实验证实，这种材料对紫外线、可见光和红外线的吸收率能达到99.5%。虽然之前也有性能接近完美的吸收光的材料，但那些材料只吸收紫外线和可见光，和这种新材料相比差了将近100倍。新材料虽然作用独特，但其构成并不神秘，它实际上就是一种由纯碳元素构成的中空的管状体，厚度是人头发丝直径的万分之一。它们本身具有吸附性，可以垂直附着于不同的材料表面，就像地毯上的毛可以垂直附着于地毯上一样。如果把它们涂抹在硅、钛和不锈钢的表面，那么这些材料就变成世界上最黑的东西了。

你或许会感到奇怪，科学家为什么要挖空心思去制造最黑的东西呢？因为这种材料对发展太空事业实在是太重要了。它的一项重要应用就是抑制光线散失，因为附着在太空设备表面的这种材料，可以收集并阻滞来自不同方向的光线，并阻止其从表面反射出去，这就有利于科学家们看清楚太空设备周围出现的新东西或新情况。就好比我们要观测一个浅色的东西，如果放在白纸上看，就远不如放在黑纸上看得清楚，因为白纸能反射环境光，不利于看清楚物体。因此，这种材料一旦投入使用，将极大地提高人类对太空的观测水平。而研究地球大气和海洋的科学家们也将从中受益，因为对地面观测设备接收到的光信号中，有90%来自大气散射所产生的“杂光”，从而掩盖了人们对地面设备的观测。如果地面设备涂上这种黑色材料，真正“变黑”，那么就不会产生“杂光”，自然就容易被观测到。

黑色材料在飞船设备方面还有一项重要应用，这对于飞船上的红外探测设备更加重要。如果材料越“黑”，它就越不能反光，因此，把这种材料涂抹在结构复杂的红外探测设备上，就能确保设备的冷却，从而保证设备对暗弱深空天体信号的敏锐捕捉。此前，科学家研制出一种黑色材料，尽管那种材料制成的冷却设备的效果不错，但是会因为材料自身比较重而增加航天器的总重量。而这种新的黑色材料不仅重量轻，而且性能也更优越，所以，它必将是一种非常有前景的新材料。

从“小鲜肉”到飞行员要过多少关

文 | 陈薇

有人说：男孩从来长不大，只是玩具越来越高级。如果真是这样，飞机大概就是男孩的终极梦想，是“玩具之王”。而想要驾驭它，门槛自然是相当高的。

2015年，报名国航飞行学院的应届高中毕业生有1.5万多人，最终在通过体检、面试、背景调查后，高考分数上线的只剩约900人。而这只是成为飞行员的万里长征的第一步。

那么，一枚“小鲜肉”，究竟要经过多少道关卡，才能成为真正的飞行员？

淘汰率：从1.5万到900

学员坐在转椅上，闭上眼睛，头微微前倾，医生将转椅顺时针转上5圈后突然停止，学员立刻向前弯腰至90°，5秒钟后睁开眼睛，迅速抬起头坐正。类似的动作，间隔5秒钟后会再做上两次。

这是一项名为“旋转双重试验检查”的体检项目。

检查标准很简单：学员的反应。如果有轻微头晕、恶心、面色苍白、微汗等症状，但是恢复快，那就判定为合格；如果有明显头晕、恶心、大汗淋漓等反应，则会被判定为明显前庭植物神经敏感，评为不合格。

前庭器官位于耳朵深处，功能是维持身体平衡、感受速度，如果不能承受超过常人所能承受极限的加速度，就无法当飞行员——以更通俗的话来说，前庭植物神经敏感，就容易晕车、晕船，自然不适合开飞机了。

体检依据《民用航空招收飞行学生体检鉴定规范》，详细规定了招收民用航空飞行学生的体格检查鉴定原则、项目和方法。其他如身高、体重、视力等指标，均详细地出现在这份标准里。

有明显的“O”形或“X”形腿；有久治不愈的皮肤病；耳朵流过脓、听力差、经常耳鸣；斜眼、色盲、色弱；有精神病家族史，癫痫病史；有慢性胃肠道疾病……都不能当飞行员。

这份精确而详尽的体检标准，会将超过一半的报名学生挡在门外。体检这一项，合格率只有35%~40%。

唯一降低的门槛是视力。

曾经的标准是需要C字表视力达到0.7以上才能成为飞行员，但随着大中学生近视问题日趋严重，这个要求被降到了0.3。另外，还有一件事让教官忧心：报名者的听力水平也在下降中。据教官推测，这可能是因为孩子们戴耳机的时间越来越长了。

近乎苛刻的体检，只是飞行员招考程序中的初始步骤而已。应届高中毕业生要经历报名、面试、体检初检、背景调查、高考、体检复检，直至录取。每年9月至10月报名，来年高考提前批录取。

面试是飞行员招考的另一道关卡。

通常 6~8 人一组，在考官面前自我介绍，再做一些立正、齐步走等动作，考官借此观察考生的形象、仪态，等等。考官还会提问考生，为什么报考飞行员，家人对此是否支持等简单问题。

“只是走两步，结果过度紧张的，头发剃得奇形怪状的，都可能被淘汰。”考官霍志伟说。借助面试，他们可以考察报名者的团队协作、抗压、责任心等能力，以此找到头脑灵活、反应迅速、记忆力好的学生。

面试的淘汰率，在诸多环节中是最高的，一般都要刷下一半以上。

从 2015 年起，中国民用航空局首次提出，在《飞行院校招收飞行学生体检鉴定》中，统一实施心理健康评定——明尼苏达多项人格测验。这是目前使用最为广泛的心理健康评估量表，被运用到中国航天员的选拔、美国及欧洲诸国家现役飞行员的心理健康评定中。

“你是否愿意做一名花匠？”“你一个月是否至少会拉一两次肚子？”都是报名者可能面对的问题。上百道测试题可以归类成不同量化指标，针对人类不同方面的性格特征而定。

能够冲破重重关卡的学员，已经是少之又少。

准军事化管理下的理论学习

位于四川省广汉市的中国民用航空飞行学院，从 1951 年起开始培养飞行员。截至 2015 年 3 月，学院的飞行专业在校生就有 8001 人。至今，中国民航 90% 以上的机长都毕业于这所学校。

各个航空公司把自己招收的应届高中毕业生作为“养成生”，统一集中在这所学院进行培养，唐博睿就是国航的一名“养成生”。他们在中国民航大学或中国民用航空飞行学院完成 4 年本科学习，并完成初始飞行驾驶技术培训，取得资格、证照后毕业，进入公司。这期间，会有部分学员被学校安排到国外航校进行飞行技术训练。

除了养成生，还有一类“大改驾”，意即公司招收的大学本科生。有的是大学毕业后，进行一年的飞行技术培训；有的是大学读两年后转入飞行学院。目前，养成生学员占了绝大多数。

唐博睿的爸爸做机务工作，外公是研究战斗机发动机的。耳濡目染之下，他从小就喜欢飞机。他于 2013 年 9 月考入中国民用航空飞行学院，前两年在院部接受地面理论学习，“两年内把 4 年的大学课程全部学完”，后两年就被分配到有飞机场的分院，开始了驾驶培训。

所有的老师都在强调安全。一位英语老师曾举了一个例子：一位机长没有执行检查单，落地前忘记放下起落架，触发了英文警报：“Pull up！ Pull up！”不料，这位机长没有听懂。直到空管看到这一切，通知了机长。这时，飞机离地面只有十几米，再慢个两三秒，飞机接地，肯定是一起重大安全事故。这位英语老师以此来说明英语教育的重要性。

如今，唐博睿已经顺利下到分院。这意味着，他已经通过了理论学习阶段所有课程的考试，公共英语达到雅思 4.5 分以上，私商仪执照理论课程考试全部通过，ICAO（国际民用航空组织）英语等级达到三级以上。

他期待着真正驾驶飞机的那一天，“在能够单独飞行之前，别人还是把你看成一名普通的大学生，而不是飞行员。”他提醒自己，更大的考验还在后面。

天空中的成人礼

“如果你可以去世界上任何一个国家，你想去哪里？”“你最好的朋友是谁？”“你来自天津，那么天津有什么好吃的吗？”

这里正在进行一场英语面试。两位金发碧眼的考官，来自美国北达科他大学飞行学院（UND）——美国最大的非军事飞行训练机构。考生则是中国民航大学大二的学生。

2003年起，中国民航大学与国航合作共建飞行技术专业。不过，它没有训练用机场和教练机，和北京航空航天大学、南京航空航天大学等几所学校一样，大部分学生在两年地面理论学习完成之后，被送到国外UND（北达科他大学）、IASCO（美国航空集团学院）等航校去学习。

中国民航大学2011级飞行技术专业本科生陈亚楠，是同级17名国航女飞行学员之一。2014年年底，她刚从位于美国加州雷丁市的IASCO航校学成归来。在国航4000多名飞行员中，女性只有二三十名，别的航空公司则更少——此前，女生普遍被认为力量不足、性格柔弱，不适合当飞行员。

陈亚楠笑称自己是“女汉子”。为了锻炼她的胆量，美国教员有时会故意整出一些惊险动作：突然让飞机下降。那里的体能训练多靠自觉，每周日拉练，加速跑、原地转、蛙跳，以克服眩晕。

飞行训练13个小时后，学员们将会面临一次严格的筛选：放单。“单飞”是指没有教员陪同，学员独立开着真机完成所有的程序和起落。这是让每位学员如临大敌的一道槛，如果不能放单，将面临停飞——这意味着，之前为了成为飞行员的多年努力，从此作废。

除了因技术不过关，还有诸多因素也可能导致停飞。比如，不重视飞行安全。在UND，如果在单飞时达不到安全标准仍决定降落，或者有撒谎、迟到、宿舍脏乱差等纪律性差的种种表现，也可能导致被淘汰。

这一轮的淘汰率，在10%~15%。

经过一次又一次的考验，直到最后拿到私人飞行执照、多发仪表等级、附加仪表等级执照和高性能喷气式飞机执照等多种飞行器执照，最快也需要15个月。拿到这些执照，还得达到ICAO(国际民用航空组织)英语等级四级以上，才可以正式毕业。

而从飞行学校毕业后，他们还只是准飞行员。进入各航空公司后，还要接受改装、考核、检查、跟飞等一系列过程。从毕业到成为真正的机长，往往需要8年~10年。

感受可燃冰的“温度”

文 | 苏更林

颠覆常识的可燃冰

俗话说：“水火不容。”冰作为固态的水，自然也是不能燃烧的。可是，可燃冰却是一种可以燃烧的“冰”。那么，可燃冰到底是凭借什么颠覆了我们的常识呢?

原来，可燃冰是天然气水合物的俗称。它是甲烷类天然气被包进水分子后，在海底低温与压力作用下形成的一种透明结晶状物质。由于这种物质大多呈白色或浅灰色，看起来与冰雪十分相像，并且能像蜡烛和酒精块一样燃烧，因此人们就将其称为可燃冰。

说来也怪，存在于可燃冰内部的甲烷气体分子和水分子倒是十分投缘。在由若干水分子组成的“冰笼”中，“囚禁”着一个甲烷气体分子。构成“冰笼”的水分子是以氢键相互吸引的，并与被锁在其中的甲烷分子形成稳定的笼型水合物。

它们称得上是相依为命的兄弟，没有了“冰笼”的保护，甲烷分子就会逸出笼外；而抽去了甲烷分子这个“房客”，那么“冰笼”也会发生塌陷。

可燃冰的“底气”何在

在可燃冰试采成功之际，社会各界都对其给予了特别关注。那么，可燃冰的“底气”到底是什么呢？除了可燃冰在能源上的战略地位之外，可燃冰优秀的燃烧品质也是其走红的底气之一。

由于可燃冰是在低温、高压条件下由天然气与水分子结合而成的天然气水合物，因此可形成单种或多种天然气水合物。不过，形成天然气水合物的主要气体为甲烷，甲烷分子含量超过 99% 的天然气水合物通常被称为甲烷水合物。

这样的结构特征决定了可燃冰是一种能量密度很高的能源，并且是一种很好的清洁能源。通常，1 立方米的可燃冰在常温常压下分解后可释放出约 0.8 立方米的水和 164 立方米的天然气。因此，开采时只要给固体的可燃冰升温减压就可释放出大量的甲烷气体来。

在崇尚生态文明建设的今天，我们更关心可燃冰的燃烧品质，也就是说会不会产生环境污染。

可燃冰在燃烧后几乎不产生任何残渣或废弃物，因此其燃烧产生的污染要比煤炭、石油、天然气等小得多。因此，它可以作为未来石油、天然气的替代能源。

沉睡在海底的“宝贝”

可燃冰的燃烧品质决定了它非凡的应用价值，人们称其为“宝贝”是一点也不过分的。只是由于其深藏于海底岩石之中，开发利用难度很大。

一般来说，适于可燃冰形成的温度在0℃～10℃，超过20℃它便会分解了。海底的温度一般保持在2℃～4℃左右。在0℃时，可燃冰的形成需要30个大气压，并且压力越大形成的可燃冰越稳定。可燃冰的形成需要气源，也就是甲烷等天然气。一般来说，甲烷气源可由海底沉积的碳氢生物转化而来。

由于可燃冰的形成需要特殊的条件，所以只能分布于特定的地理位置和地质构造之中。据估算，全球可燃冰的资源储量相当于全球已探明传统化石燃料总量的两倍，科学家们甚至认为它是能够满足人类未来1000年使用的新能源。

“中国方案”领跑世界

我国可燃冰资源储存量大约相当于1000亿吨石油当量，其中有近800亿吨分布在南海。按现在的消耗速度，可燃冰资源可满足我国近200年的能源需求。

可燃冰既是一种清洁能源，同时又是一种非常危险的能源。原来，在导致全球气候变暖方面，甲烷所起的作用是二氧化碳的10～20倍。可燃冰的不当开发有可能导致甲烷气体的泄漏，不仅会加速地球的温室效应，还有可能造成海洋生态的变化以及海底滑塌事件等，这无疑都会加大可燃冰开采的技术风险与难度。

我国从1999年起对可燃冰开展实质性的调查和研究。

2004年，我国科学家开始对可燃冰钻采进行攻关，现已成功研发了国内外首创的具有自主知识产权的水合物冷钻热采关键技术。

2017年5月，中国实现了可燃冰全流程试采核心技术的重大突破，形成了国际领先的新型试开采工艺。我国进行的可燃冰试开采是世界上第一次针对粉砂质水合物进行的开发试验，采用的是具有中国特色的“中国方案”。

在最近进行的试开采项目中使用了大量国产装备，其中的“蓝鲸”一号是目前全球最先进的双井架半潜式钻井平台，适用于全球任何地区的深海作业。监测结果显示，整个试采过程安全、可控、环保。我国在可燃冰研究领域走在了世界前列，对推动能源生产和消费革命具有十分重要的意义。

让“蒙娜丽莎”开口说话

文丨汤明建

日前，美国新泽西州贝尔实验室的电脑专家莉莲·施瓦茨认为，达·芬奇的名画《蒙娜丽莎》实际上是这位画家对着镜子所画的自画像——她将达·芬奇的自画像反过来和“蒙娜丽莎”相叠，发现这两幅画的眼睛、发际线轮廓、双颊和鼻子均一模一样。其实这并不是第一次有人提出这个猜想，日本音响研究所的铃木松美就说过，“蒙娜丽莎”不仅容貌与达·芬奇的自画像相似，而且用声纹技术从数量上证实，“蒙娜丽莎”的声音与达·芬奇的声音一模一样。难道，“蒙娜丽莎”能说话？

声纹鉴定的秘诀

我们知道，每个人的发音器官之间都有差异，发音和调音方法也不完全相同。声纹鉴定正是利用人的声音各有特色这一特点，将声音输入声谱仪中，把人声的机械振动变成可见的频谱图像（这种图像就叫声纹）来加以鉴别。声纹犹如指纹，各不相同，也可以说是每个人特定的“身份证”。

由录音用集成电路存储器和在各频率分析声音的计算机共同

构成的声谱仪，能够分析50赫兹至8000赫兹的声音。计算机中分析声音的滤波器有两种，一种是宽带，一种是窄带，能够连续调节。显示装置可以将分析的结果显示在荧光屏上或专用记录纸上。显示的图像称为声纹，其中颜色的深浅表示了声音的强度。

通常，我们说出的话与实际所传达的信息一比，总是带有大量多余的话语。据大脑机械论专家统计，1分钟内一个人所说的词句的完整声纹图含有近200万比特，或每秒约35000比特。而普通人大脑里处理信息的速度不超过每秒45比特。换句话说，我们大约只利用了词句声纹图的千分之一，就能懂得其中的含义。其余大量多余的话不仅能使我们了解交谈者，还能使我们从成千上万的其他人中辨认出他。

由于不同的人在发同一语音时，会产生具有相当差别的声纹，这种差别体现了个人特征，所以，声谱仪可以帮助我们分辨出许多人的语言。有时即使语意很模糊，甚至词不达意，我们也可以辨明。而声音的这一特征，已经被很多国家用于刑事案件的侦破。

如何让名人的声音“再生”

人的声音是由声带振动并通过喉咙在口腔或鼻腔形成共振而发出的，因此，声带的形状或大小以及从喉咙到口腔的容积，成为决定个人声音的主要因素。科学家们认为，若有容貌的特征或身高的数据，借助语言合成器，就有可能惟妙惟肖地模拟出历史人物的声音。

语言合成器主要由发出一个个单音的发生器、模拟人声道的电子等效电路、模拟鼻腔及口腔的电路等三部分构成。发生器由产生辅音的白噪声发生器和产生元音的三角波发生器组成；模拟人声道的电子等效电路制成尺寸能自由改变的喉咙模型，当输入一个人的人脸的外形尺寸时，就能清晰地显示出这个人声音成分中的个人特性。

在日本科学家开发出的声音发生器PC-6001MKII系统中，至少要输入12项数据，包括颧骨的宽度、从眼睛到鼻尖每隔1厘米的大小以及从鼻尖到下巴每隔1厘米的大小、嘴的宽度、从两眼间中心到嘴的距离、鼻尖到枕骨部每隔1厘米的大小、身高、年龄、性别等。如果数据不足，也可设定最相近的数值作为补充。

“蒙娜丽莎”和达·芬奇的声音都是这样合成的——科学家们通过肖像画或照片推测出最合适的数据。然而，“蒙娜丽莎”脸型的尺寸光靠这张神秘的微笑画像是不够的。所幸，在意大利米兰还保存着达·芬奇所画的“蒙娜丽莎”的侧面素描，将这两张画像测得的数据合在一起，才能做出“蒙娜丽莎”脸部的立体模型。

人们对这项研究还有很多疑问，但大家更期待仪器能不断改进，好让我们听到更多历史人物的声音。

关于湿度，你不知道的 4 件事

文 | 朱 颜

1. 露点越高，人越难受

湿度是用来描述空气中水蒸气含量的物理量。表达空气湿度的方式有很多种，其中最常用的是气象学里的“相对湿度”。

那什么是相对湿度呢？让我们把空气想象成海绵，它最多可容纳的水是一定量的，比方说是 1 升。那么相对湿度就是指海绵的实际含水量（即绝对湿度）和最多可容纳水量的比值。如果海绵没有喝水，那么相对湿度是零；如果海绵喝了 500 毫升的水，那么相对湿度就是 50%。

当湿度达到 100% 时，第二天早上一定会出现露水。

在水蒸气含量不变的情况下，气温降低，相当于海绵变小，最后使空气中的水蒸气达到饱和状态。于是，多余的水蒸气就会析出，形成露水。

人们将空气中的水蒸气冷凝形成露水时的环境温度称为“露点”。比如露点为 18℃，这就意味着外界温度必须降至 18℃以下，空气中的水蒸气才会达到饱和，在草上、树叶上形成一颗颗亮晶晶的小水珠。

露点是衡量绝对湿度的一种方式。比如某地的露点为12℃，那么此地空气的绝对湿度就是12℃时的饱和水蒸气量。

由此可见，露点越高，说明空气中的水蒸气越多；反之，露点越低，则说明空气中的水蒸气越少。水蒸气少也有两种情况，一是气温低，也就是海绵小，装水的容量不大；二是相对湿度低，也就是海绵虽大但吸的水少。

露点是衡量人体是否感觉舒服的重要指标。它和风、日照等因素一起，影响我们的体感温度（即人体真正感受到的空气温度）。

露点高时，人们通常会感到不适。因为露点高时气温一般较高，这会让人大汗淋漓。露点高有时还伴随着较高的相对湿度，这会导致汗水挥发受阻，人会因体温过高而感到身体不适，甚至会生病。而露点低时，气温或者相对湿度会比较低，二者都可令身体有效地散热。

2. 空气干燥，唱歌易走调

我们的声带由一对左右对称的黏膜组成。发声时，从气管和肺冲出的气流不断冲击声带，引起声带振动而发声。声带通过控制气流，来控制我们说话或唱歌的声调。有意思的是，在干燥的环境中，唱歌很难不走调。

事实上，据研究人员推测，正是湿度赋予了语言丰富的声调。在统计过全球的3700多种语言后，他们发现，拥有复杂音调的语言——比如粤语、越南语和非洲的许多语言——更普遍地存在于气候潮湿的地区。

研究显示，绝大多数有着复杂声调的语言，出现在东南亚和非洲的热带地区，少量位于北美、亚马孙河流域和新几内亚的潮湿地区。而非多声调语言，例如包括英语在内的各种欧洲语言，一般出现在更干燥的地方——寒冷的北方或者干燥的沙漠。

之所以产生这种有趣的格局，是因为空气的湿度会影响声带的弹性。声带表面的黏液层中的水分和多糖体有固定的比例，以保持黏液层松软、有弹性，而这正是发声的关键。吸入干燥的空气会让声带脱水，导致黏液层的黏稠度上升，弹性下降，声带很难发出复杂的声调。

3. 头发可以测湿度

如果你有一头长长的秀发，那可能就不用麻烦天气预报来告诉你空气的湿度了。因为头发对空气的湿度很敏感，空气潮湿时，直发会变弯，而卷曲的头发会更卷曲。瑞士的物理学家索斯尔发现了这一有趣的现象，然后，他利用头发制造出世界上第一个头发湿度计。

索斯尔将一束 25.4 厘米长的头发一端固定到螺钉上，另一端则穿过滑轮，与一重物相连。头发吸水湿润之后会变短，带动重物向上移动。索斯尔则根据重物移动的距离来计算空气的湿度。

为什么头发吸水之后会变短呢?

头发的主要成分是一种叫角蛋白的蛋白质。我们都知道，蛋白质是由氨基酸组成的，氨基酸“手拉手”，排成长长的肽链。通过二硫键或氢键，肽链可以形成螺旋结构，并能进一步伸缩。

二硫键很稳定，它不受湿度的影响，只要你不烫发，它几乎可以永久地存在。这赋予了我们的头发强度和韧性。而氢键比较弱，它对湿度很敏感，随时可以被打断、重建。

潮湿的时候，空气中有更多的水分子，这意味着除了相邻的氨基酸之间可以形成氢键外，位于肽链不同位置和不同肽链的氨基酸之间也会形成更多的氢键，这会让肽链不断伸缩弯曲。而湿度降低后，许多氢键会被打断，肽链重新伸展变长。其宏观表现就是，头发会随着湿度增加而变短。

如果把头发想象成弹簧，那么把头发吹干就相当于把弹簧拉直，头发会变长；而头发潮湿的时候，大量形成的氢键会把弹簧进一步掰弯、折叠，甚至缠绕，头发随之变短。

虽然头发湿度计很粗糙，我们甚至可以自己在家动手制作，但一直到20世纪60年代，头发湿度计才退出历史舞台，被电子湿度计取代。

4. 湿度告诉飞蛾哪里花蜜多

令我们讨厌的闷热、潮湿的环境，对于昆虫来说，却如同天堂一般。

和体型较大的动物相比，小虫子更容易脱水，因为它们的相对表面积（体表面积与体积的比值）更大，这意味着从体表蒸腾散失的水分会更多。而我们知道，大多数昆虫很小，湿度升高会提高它们的存活率，所以，昆虫大多对湿度很敏感，总喜欢湿润的乐园。其中以飞蛾为最，它们可以检测小到4%的湿度变化。

另外，飞蛾还能通过检测湿度的变化来找到它的食物——花蜜。

花蜜有蒸腾作用，刚盛开的花朵上方的相对湿度会比周边环境的相对湿度高出约4%。随后湿度差异会逐渐减小，直至大约半小时后花蜜耗尽。也就是说，半小时后，花朵也许依旧盛开，但花蜜已经没有了。飞蛾只有找到那些开放时间不超过半小时的花朵，才可以享用到花蜜。所以对湿度变化的敏锐感知能力，能帮助飞蛾迅速判断哪些花的花蜜更多。

奇妙的低温世界

文 | 升 龙

在超低温世界,橡皮会失去弹性,能像铜锣那样敲起来“当当”作响;猪肉会发出灼灼的黄光;韧性本来很好的钢,变得像陶瓷一样脆;当温度降到 -190℃,空气将变成浅蓝色液体;在绝对零度附近,氧气会像白色的沙砾,而氢气会像钢铁一样坚硬。

冷冻的速度

炎热的夏天,待在有冷气的房间里是一件非常惬意的事。但在现实生活中,我们对“冷”的了解并不多,对如何利用“冷”也知之甚少。例如,早上起床准备吃早餐。我们面前有一杯刚煮好的热咖啡和一杯凉牛奶,为了让咖啡尽快凉下来,应该怎么办?是等上 5 分钟将牛奶加到咖啡中,还是将牛奶加到咖啡中再等 5 分钟呢?或许你会说:“这难道有区别吗?这两种做法看起来并没有什么不同。”但事实上,第一种方法确实能让咖啡更快地凉下来。这种现象是牛顿发现的,他说:“物体的温度与周围环境的温差越大,冷却的速度就越快。”因此,如果先加入牛奶,就会降低咖啡与周围空气的温差,这反而会减慢咖啡冷却的速度。

寒冷是否有尽头

在我国的北方地区，最低气温在 –20℃以下。在地球的两极则更加寒冷，尤其是南极，有记录的最低气温为 –89.8℃，因此南极又被称为“世界寒极”。在月球背着太阳的阴面，温度竟然低到 –183℃。在太阳系里，离太阳最远的冥王星，接受的太阳光实在是太少了，据估测，它的表面温度可低至 –240℃。科学家们根据大量的实验推测，在宇宙的深处温度则更低，在 –270℃左右。

寒冷是否有尽头？科学家们的回答是肯定的。可温度低到多少度才是尽头呢？这就是绝对零度，即 –273.15℃。英国一位物理学家对此做出了科学的解释：物体的温度越低，物体内大量分子做无规则热运动的速度就越小。当温度低到 –273.15℃时，分子的热运动速度将为 0，由于不可能有比静止更慢的运动，所以绝对零度是理论上的数值，也是自然界中物体的最低温度，它就是低温的尽头。

智利天文学家发现了宇宙最冷之地：回力棒星云。这里的温度约为 –272℃，是已知的最接近绝对零度的地方。

神奇的低温技术

在超低温条件下，许多金属的性质发生了脱胎换骨的变化。韧性本来很好的钢，变得像陶瓷那样脆，敲一下，就会粉身碎骨。至于锡，用不着碰，它就已经变成一堆粉末了，这种现象被称为“金属的冷脆现象”，其危害性很大，但也可造福人类。比如，当战场上布满了地雷时，虽然用探雷器可以找到它，但是排雷是很危险的工作。若将液态空气撒到这些地方，就会使这些地方的温度急剧下降，地雷中的弹簧就会变脆失去弹性，地雷因而就不会爆炸了。

低温技术在食品工业、中草药加工、涂料制造业等方面大有用途。

比如，清除海上石油污染是一大技术难题，人们现在设计出了低温清污法，在漂浮的石油层下喷洒液态氮，水面上的石油便会迅速凝结成颗粒，再将这些颗粒铲走，就能有效地保护海洋环境。

“低温魔术师”还使生命冷藏成为可能，金鱼冻僵又复活的实验，极其生动地说明了这一点。目前，科学家们正在加紧探索其中的奥秘，以便寻找一种可以延长人类寿命的新途径。

低温现象光怪陆离

低温就如同一位神奇的魔术师，可使物质的许多性质发生很大的变化，出现一些令人意想不到的奇特现象，给人以魔幻般的感觉。温度越低，其魔力越大，魔法越神奇。

在超低温世界，橡皮会失去弹性，能像铜锣那样敲起来“当当”作响；猪肉会发出灼灼的黄光；蜡烛则会发出奇异的、浅绿色的光。

当温度降到 -190℃时，透明的空气会变成浅蓝色的液体，这已属于超低温世界。此时，如果把一枚鸡蛋放进去，它便会发出浅蓝色的荧光，像一枚荧光蛋。若把这枚鸡蛋摔在地上，它还具有极强的弹性，会像皮球一样立即弹起来。倘若把鲜艳的花朵放进液态空气里，它便会失去原有的纤柔姿态，变得像玻璃一样亮光闪闪，非常脆，轻轻一敲还会发出“叮叮当当”的响声，重敲则会破碎。从鱼缸里捞出一条美丽的活金鱼，将其头朝下放入浅蓝色的液态空气中，不一会儿金鱼就变得晶莹剔透，漂亮至极；捞出来则是硬邦邦的，仿佛是由水晶玻璃制成的精美的工艺品。再将这只“玻璃金鱼”放回鱼缸里，过一段时间，金鱼竟然复活了。如果把水银温度计插进液态空气里，水银柱立即会被冻得像钢铁一样坚硬，可以像钉子一样钉进木板里面去。

是不是很神奇、很不可思议呢？

在绝对零度附近，氧气会像白色的沙砾，氢气会像钢铁一样坚硬，各种气体都被冻成了固体。不过唯有氦气特殊，它还是流动的液体。当温度下降到 –268.95℃时，氦气才会变成很轻的透明液体；当温度下降到 –270.98℃时，液态的氦开始出现绝无仅有的奇妙现象——超流动性，它竟然会变成一种能爬善攀的液体。这时的液态氦显得毫无黏滞阻力，可以经过很细的管子从容器中流出，而且不受重力的牵制，以每秒 0.3 米的速度，从杯子内侧顺着杯壁迅速地向上爬，瞬间越过杯口，再沿着杯子的外壁爬下来。

铅铃在常温下摇起来就像一个闷葫芦，但在液态空气里浸过后，响声清脆美妙，犹如银铃一般悦耳动听。平常软而韧的铝丝在 –100℃以下，简直就像钢丝弹簧一样坚硬且富有弹性。

这些色彩的身世你绝对想不到

文 | 周亚丽

看看这个丰富的世界吧！随处都能让你见到缤纷的色彩，引人入胜的奇幻美图、美丽又时尚的服饰……你想过这些斑斓的色彩是从哪儿来的吗？在科学技术还不够发达的过去，人们利用各种奇特的事物来制造与众不同的色彩，不少色彩背后都有着不可思议的身世。

胭脂虫是个“洋红”工厂

热烈奔放的红色系列里怎么能少了洋红？洋红这种颜色就是自然界里的昆虫色彩大师——胭脂虫帮忙制造出来的。

胭脂虫来自中南美洲，很早很早以前，古印第安人就用胭脂虫来化妆，给食品染色……因为胭脂虫的雌虫体内含有胭脂红酸，能用来制造染料。后来，西班牙人把胭脂虫带回了欧洲，欧洲贵族们相当喜爱这种颜色，因为胭脂虫染出来的红色比用传统材料染出来的红色要好看、浓郁得多。不过，看重利益的西班牙人故意隐瞒了胭脂虫的信息，欧洲人一直认为，所谓的胭脂虫是某种可以染色的植物呢。一直到16世纪末，大家才弄明白胭脂虫其实是一种昆虫。

胭脂虫传到了中国之后，人们给它染出来的颜色取名叫“洋红”，大概就是因为它是从外国传来的吧！

大材小用的“木乃伊棕”

木乃伊？谁不知道这是来自神秘国度埃及的珍贵文物。谁会那么大材小用地拿它来制作颜料呢？历史上，欧洲人还真这么干过。16 世纪到 17 世纪，人们用它开发出了一种棕色颜料，名字就叫作“木乃伊棕”。

在过去，要买颜料就得找药剂师“抓药”！药物跟颜料这两种看起来八竿子打不着的东西有了交集。也不知是哪个爱钻研又大胆的人琢磨出了这个法子，把白沥青和碾碎的木乃伊粉末混合在一起，再加上防腐的香料没药，就能制作出这种别致的棕色颜料。这种棕色颜料透明度好，适合上釉，表现人物肤色、阴影和黄昏时的光晕。拿来制作颜料的木乃伊不仅有人类木乃伊，也有猫科动物的木乃伊。从 16 世纪到 19 世纪，“木乃伊棕”一直受到画家们的追捧。

来自尿液的“印度黄”

看到这个标题，你已经倒胃口了吧？可“印度黄”这种颜料的身世真就是这么奇葩。看到金黄的“印度黄”颜料涂抹在物体表面的时候，你的脑海里再也没有辉煌的感觉了，满脑子都是：“这玩意儿竟然是用牛尿倒腾出来的！”

在印度，人们会给牛喂 6 个月的芒果叶，这样牛的尿液就是黄色的。人们用容器把牛尿收集起来，放在太阳下晾晒，容器里就会留下带有鲜亮光泽的金黄色颜料，这就是“印度黄”了。在印度文化中，牛是神的化身，印度人对牛是相当崇敬的。所以，用牛尿来制作颜料，在他们看来还是挺骄傲的事呢！

散发恶臭的“皇家紫”

一向被人们当成是高贵象征的紫色，怎么会和“恶臭”这样的字眼联系在一起？

“皇家紫”刚出现的时候，让贵族们深深着迷。著名的埃及艳后克利奥帕特拉就是“皇家紫”的忠实粉丝，她曾经让人把船帆、沙发等各种东西统统染成“皇家紫”。后来恺撒大帝来到埃及，也迷上了这种颜色，并把“皇家紫”定为罗马皇室的专用色。可是，如果凑近染了这种颜色的物品，人们会闻到一股令人作呕的海洋生物的独特腥味。因为“皇家紫”真的就有这么一个“臭”出身。其制作过程是这样的：把腐烂的染料骨螺与木灰混在一起，浸泡在馊臭的尿液和水的混合物中，然后从中提取出紫色染料。整个染料的提取过程一直不断地散发出恶臭，所以只能在远离人群的城外进行。原来，骨螺的鳃下腺有一种黄色的活性分泌物，它不溶于水，但是把它提取出来染在布料上，经过日晒氧化之后，就会转变为一种高纯度的紫色色素。

牛粪、牛血造就“茜草红”

红色常会让人联想起鲜血来。不过，红色来自血可不仅仅是某种联想，它们在历史上还真有渊源，比如法国皇室使用的红色——“茜草红”，它就需要牛血当染剂，不过更奇怪的是，牛粪在此时也派上了重要用场。

制作“茜草红”的过程是这样的：人们先把织物煮沸，然后往里面加入牛粪和油；把处理好的织物再过3遍油，放在碱水里泡4次；把它清洗、揉搓之后，再用鞣料和白矾处理一下并清理干净。这个过程真够复杂和漫长的，可这样处理过后的织物是灰白色的啊！这时候就需要用茜草和各种染剂来染色了，牛血就是一种不可缺少的染剂。当时的人们认为牛血具有神奇的魔力。

这种制造颜色的方法来自土耳其，1730年在欧洲推广开来。法国皇家挂毯上的红色，就是从牛血和牛粪中提取出来的，巴黎皇家挂毯厂特供给国王路易十四的墙面，涂料里也大量使用了这种红色。

猪血也是黏合剂

不过，这“血淋淋”的色彩还没有完，在中国，猪血也是一种彩色颜料的秘密配方。

在富有中国特色的亭台楼阁上，人们总能见到各式各样的彩绘。可是历经风吹日晒，彩绘能坚持多久？采用化学颜料，3年到5年后彩绘就可能剥落。如果采用传统工艺，使用矿物颜料，用特别的黏合剂，彩绘就能维持更长的时间。这种颜料黏合剂不是现在常用的胶，因为胶的耐久性、防水性、坚固性都比较差，用的其实就是猪血。

做彩绘时，也要像刷墙那样刮一层腻子，猪血黏合剂就用在这儿。这个基本工作没有做好，彩绘就很容易开裂、剥落。

救命的蓝色、绿色衣服

文 | 任 艳

为什么外科医生的衣服都是蓝色或绿色？医生难道不是都应该身穿白大褂吗？其实，在19世纪中期，外科医生都是身着便服做手术的，但随着医学的发展，外科医生也开始和其他医生一样，改穿干净的白大褂。后来，外科医生的白大褂又变成了蓝色或者绿色的手术服，这其中的缘由要从色彩学讲起。

在彩色光谱中，由红到紫的颜色连接成的圆环，叫作“色环”。色环里通常有12种颜色，180°角相对的两种颜色叫作“互补色”，而红色的互补色恰恰为绿色。将这种色彩学应用到外科医生的服装上，效果显而易见。当穿着蓝色或绿色衣服的外科医生身处手术室中时，满眼望去都是蓝色或绿色，那么作为绿色的互补色——红色，也就是血液与内脏的颜色就会格外显眼，也更能帮助医生集中注意力。

如果你觉得这无伤大雅，仍然坚持穿白大褂，那会是什么情形呢？人们的视觉有一个生理现象，叫作“后像”，在视觉刺激停止后，形象感觉会有一种残留，也就是说会造成一种错觉。比如，如果你盯着一个红色圆形看20秒钟，再转眼看向一块白色区域，你会看到什么呢？是一个绿色圆形。也就是说，看到红色的互补色——绿色，而这种后像在白色背景中更明显，这又是为什么呢？

白光包含七色光，里面就有红色与绿色。当我们盯着红色看上一段时间后，大脑就会对红色的互补色——绿色特别敏感，而白色背景恰巧可以提供这两种颜色。但如果换成蓝色或绿色的背景，这种后像错觉就不会那么突出。

所以，如果外科医生身着白大褂，在白色手术室里集中注意力做手术时，偶尔抬头瞄到同事的白大褂或周围的白色墙壁，那么蓝色或绿色后像就会出现。虽然这种错觉只会持续几秒钟，但也会影响医生的视觉和判断，这对于需要分秒必争的病人来说非常危险，甚至致命。

为什么时间有时格外漫长

文 | 克劳迪娅·哈蒙德

你是否有过那种感受，觉得早该下课了，可瞥一眼表，发现一节课的时间甚至还没过半呢？往往在你感到无聊、希望时间赶快过去的时候，这种情况特别容易发生。

当你感到无聊时，你开始注意时间本身，注意到那煎熬、漫长的每一分钟。可是，当你在玩喜欢的游戏时，相反的情况出现了，你完全沉浸其中，根本无暇关注时间。游戏给你带来极大的乐趣，当你自我陶醉时，时间仿佛加速了。一个小时的时间过得如同直接消失了那般快。

时间过得缓慢（尽管你希望它走得快点儿），问题出在大脑计算时间的方式上。没有人确切地知道大脑到底是怎么做的，因为眼睛管视觉、耳朵管听觉，但没有专门的身体器官负责衡量时间。当然，我们在估计一分钟的长短时，总能做到令人惊异的准确。你可以自己试试看，找个人帮你测一下，不过别悄悄地数数。

有一种理论认为，人的大脑通过数自身的脉搏数来保持时间感。即使在你无聊透顶、无所事事的时候，你的大脑也非常活跃；当你感到无聊时就开始关注时间，于是脉搏就会加速，大脑数这些加快的脉搏数，会使你以为经过了比实际更长的时间。换句话说，时间好像变慢了，虽然你希望它走快点儿。

当你生病时，时间过得很慢；而当你事后回顾养病的那一周的时间，又会觉得它过得很快。这是因为：当你没做什么新鲜事时，这一周的时间在你的记忆中没占多少地方，于是在你回忆它时，会觉得很短。时间是古怪的，我们永远不能完全适应它。

最大的雨滴有多大

文 | 孙 峰

几乎每个人都有过被很大的雨滴砸得很痛的经历，那么最大的雨滴到底有多大呢？在人类已有的记录中，最大的雨滴直径在8.8毫米~10毫米之间，这是科学家们分别在1995年的巴西和1999年的马绍尔群岛上空发现的。

1986年，云朵物理学家观测到夏威夷上空热带风暴中的雨滴直径达到了8毫米，这否定了之前科学家们一致认同的雨滴直径不会超过2.5毫米的观点。但这些大雨滴只在云朵里翻滚，没有落到地面上。

在早期的研究中，科学家们认为一滴直径5毫米的雨滴的寿命最多只有20分钟。夏威夷上空热带风暴中的雨滴的直径之所以能达到8毫米，是因为巴西热带雨林燃烧产生了较大的灰尘颗粒，雨滴的凝结核较大造成了更大的雨滴。1999年，马绍尔群岛上空也曾出现过这么大尺寸的雨滴。科学家们认为这些雨滴的凝结核为盐核，大海上空的云朵富含液态水，它们聚拢在一起经过频繁碰撞便产生了大雨滴。

那么，雨滴能不能再大一点呢？雨滴是由云朵中的水蒸气将灰尘、烟雾甚至盐中的微粒捕获之后形成的。因为水分子之间具有强烈的凝聚力，雨滴形成初期接近球形，并且容易被风吹散。随着雨滴在空气中的前进，它会碰撞到其他同伴，变成更大的雨滴，等到这些雨滴变得足够大之后，才会落到地面上。

雨滴在下落的过程中，在自身的表面张力和大气压力的作用下改变了原来的样子，变成了如同一颗四季豆或者一个汉堡上半部分那样的上圆下平的形状，有些直径较大的雨滴更像水母的伞膜。

当雨滴的直径超过 5 毫米时，气压会完全克服水的张力，将雨滴分裂开。雨滴在继续下落的过程中，还会因为吸收了其他的雨滴或者被其他的雨滴打碎而不断变大或者变小。即使把我们砸得生疼的雨滴到达地面时，直径最大也不会超过 2 毫米。

啤酒瓶盖上的锯齿总是21个

文 | 高 小

啤酒瓶盖上的锯齿有多少个？这一定能难倒不少人。确切地告诉你，所有日常所见的皇冠形酒瓶，不管是大瓶还是小瓶，盖上的锯齿都是21个。那为什么瓶盖上的锯齿是21个呢？

在铁皮啤酒瓶盖还未发明之前，瓶盖采用的都是木头塞子，但木头塞子在开启时太麻烦，且啤酒本身气体很多，如果不能一下打开，里面的气体就会慢慢地跑掉，不能形成充分的泡沫，啤酒的口感也就会变差。

人们希望瓶盖能一下就打开，并听到“啪”的一声。19世纪末，英国人威廉·佩特发明了铁皮啤酒瓶盖。有锯齿的铁皮盖是最好的选择，只需要一个起子，轻轻一撬就能快速开启。当时的啤酒瓶盖的外观和我们今天看到的基本一致，内部垫有纸片，以阻止饮料与金属接触，唯一不同的是，瓶盖上的锯齿是24个。24齿的瓶盖是申请了专利的，一直沿用到20世纪30年代。

最早，瓶盖的安装是用一台脚踩的压机，一个一个地套到瓶子上。随着工业化进程的加快，手工加盖的方式变成了机器加盖，瓶盖被装进一个软管进行自动安装。但在加盖过程中人们发现，24齿的瓶盖很容易堵住自动装填机的软管。如果齿数是单数，这种情况就不会发生了。于是，人们将瓶盖的 24 齿减少了 1 个，变成了 23 个。而人们在安装使用过程中又逐渐发现，23 齿瓶盖的密封性并不比 21 齿的好，所以，人们就选用了最少的齿数。于是，21 齿的瓶盖一直沿用至今。

当然，这并不是说你想减少 1 个，就能减少 1 个这么简单，确定维持 21 齿，是人们实践和智慧的结晶。

啤酒中含有大量的二氧化碳，对于瓶盖有两个最基本的要求，其一是密封性要好，其二是要具有一定的咬合度，也就是通常所说的瓶盖要牢固。这就意味着每个瓶盖上褶的数量和瓶口的接触面积要成一定的比例，以确保每个褶的接触表面积可以更大，瓶盖外部的波浪形封口既可以增加摩擦，又可以方便开启，21 个齿是满足这两个要求的最佳选择。

而瓶盖上锯齿的数量为什么是 21 个，还有一个原因与开瓶盖的起子有关。啤酒中含有大量的气体，如果开启不当，造成里面的气压不均匀的话，极易伤人。在发明了适用于开启瓶盖的起子后，又通过对锯齿不停地修改，最后确定瓶盖为 21 个齿时，打开时是最容易也是最安全的，所以，今天你所看到的所有啤酒瓶盖，都是 21 个锯齿。

会跳舞的大楼

文 | 王新芳

大楼通常都是静止不动的，迪拜却正在建造一座会跳舞的大楼，来改变建筑在我们心中的印象，并宣告一个新的动态生存空间时代的到来。

迪拜是阿联酋的贸易之都，高楼一栋接一栋，而且风格多样，各有特色。世界上第一家七星级帆船酒店就坐落在这里。而今，这座会跳舞的大楼再次吸引了全世界的目光。

会跳舞的大楼名叫“动力塔酒店”，是世界上第一座 4D 旋转大楼，也是首个风力发电旋转大楼。远远看去，它就像一位婀娜起舞的舞姬。大楼高约 420 米，共 80 层，耗资 3 亿美元，于 2008 年动工，预计到 2020 年完工。

大楼能够 360° 旋转。每层自转的同时，从外部看大楼也在不停旋转。大楼旋转起来时，楼里的人可将周边景色尽收眼底，24 小时全天候观景，就算在房间里泡个澡，也能仰望星空。在不同时间和天气下，大楼会显现出不同的色彩，十分绚丽壮观。

住在旋转的大楼里，会不会感到眩晕呢？其实这个担心是不必要的，大楼旋转一圈的速度约为 1 小时到 3 小时，人们几乎感觉不到它在转动。更有意思的是，大楼可以被声控。只要你说出命令，“快一点”“慢一点”“停止”“开始”“旋转”，大楼的转速就尽在掌控之中。大楼里的设施非常完备，甚至有汽车专用电梯，可以把车停到自己的房间里。

这项设计是由意大利建筑师大卫·费舍尔提出的，他的理念是，现如今静止状态的房屋早已不能反映人们的实际生活，世界上的一切都是不断变化的。因此，酒店和公寓应该能够随着太阳和风移动，能够调整住户的情绪。从这个意义上说，建造这座大楼的目的不仅仅是作为一个酒店运营，而是旨在为人们提供一个不错的新体验。

如此逆天的设计是如何完成的呢？原来，旋转大楼以一个圆柱形的核心结构为中心，由数个扇形结构结合。每一层楼板由单独的片状结构组成，楼板之间装置了风力涡轮设备。多达 79 个卧式风力发电机和屋顶安装的太阳能电池板，实现了电力的自给自足。发电方式节能又环保。

大楼的独特之处不仅在设计工艺上，它还运用了“搭积木”的方式进行施工，建造工艺号称全球首创。大楼落成后将是世界上第一座完全由预先定制部件组合建造的大楼。它在厂房内预先组装好每一个单元，配备所有水电系统以及从地面到天花板、浴室、厨房、储藏室、灯具和家具等全部装修。再运到现场组装，可以保证大楼在极短的时间内完工。据称，80 个工人一周就能建成一个楼层。

这个集科技与幻想于一身的大楼告诉我们，未来世界一切皆有可能，只有想不到，没有做不到。